Rainer Pfluger

Wohnungslüftung im Bestand

Prof. Dr.-Ing. Rainer Pfluger

Wohnungslüftung im Bestand

Hocheffiziente und kostengünstige Lösungen für die Altbaumodernisierung

VDE VERLAG GMBH

ICS 91.140.30; 13.040.20

Bibliografische Information der Deutschen Nationalbibliothek
Die Deutsche Nationalbibliothek verzeichnet diese Publikation in der Deutschen Nationalbibliografie; detaillierte bibliografische Daten sind im Internet über http://dnb.dnb.de abrufbar.

ISBN 978-3-8007-4433-6 (Print)
ISBN 978-3-8007-4434-3 (E-Book)

Titelmotiv: Vaventis BV
Satz: Primustype Robert Hurler GmbH, Notzingen
Druck: Medienhaus Plump GmbH, Rheinbreitbach
Printed in Germany

2019-10

Vorwort

Wozu ein eigenes Buch zur Wohnungslüftung in der Bestandssanierung? Prinzipiell unterscheidet sich die Lüftung im nachträglichen Einbau hinsichtlich der Funktion eigentlich nicht von Anlagen im Neubau und wird bereits seit vielen Jahren erfolgreich umgesetzt. Das hohe Interesse an dieser Thematik zeigt aber, dass sie dennoch Besonderheiten aufweist und bei weitem noch nicht allgemeine Verbreitung gefunden hat.

Die vorliegende Ausgabe will hierfür einen Beitrag leisten und richtet sich daher an interessierte Fachplaner, Architekten, Bauleiter, Handwerker, Baufirmen, Studierende der Gebäudetechnik und des energieeffizienten Bauens ebenso wie an Bauherren mit Sanierungsvorhaben, die sich mit diesem Thema näher beschäftigen möchten.

Die sogenannte Komfortlüftung, also Zu-/Abluftanlagen mit Wärmerückgewinnung, sind im Neubau bei energieeffizienten Gebäuden praktisch zum Standard geworden, erfreuen sich inzwischen aber auch im Altbau wachsender Beliebtheit – und das aus gutem Grund: Neben der hohen Raumluftqualität und dem Komfort sorgen sie für dauerhafte Bauschadensfreiheit und hervorragenden Außenschallschutz. Der hohe Komfort und die Nutzerzufriedenheit konnten mittels Fragebögen bei zahlreichen Projekten (siehe z. B. [Knotzer 2015]) bestätigt werden, darauf muss man künftig auch bei Bestandsgebäuden nicht mehr verzichten.

Dieses Buch soll die nachträgliche Integration der Wärmerückgewinnung im Bestand erleichtern und neue kostengünstige Lösungsmöglichkeiten und Vereinfachungen aufzeigen. Neueste Forschungsergebnisse und Lüftungskonzepte tragen dazu ebenso bei wie innovative Produkte, die in den letzten Jahren speziell für die Sanierung entwickelt wurden.

Ergänzend zu den Hinweisen zu Planung und Ausführung werden abschließend Beispiele zu ausgeführten Anlagen im Bestand gezeigt. Diese sollen Ihnen Anregungen für Ihre eigenen Projekte geben.

Innsbruck, im Juli 2019

Rainer Pfluger

Danksagung

An dieser Stelle möchte ich mich besonders bei Wolfgang Feist, Leiter des Passivhaus-Instituts in Darmstadt und Professor an der Universität Innsbruck, für die vielen persönlichen Gespräche, Ideen und Beiträge bedanken. Er hat mit seiner langjährigen engagierten Arbeit einen wesentlichen und weltweit wirksamen Beitrag zum Klimaschutz durch Energieeffizienz in Neubau und Sanierung mit dem Passivhauskonzept geleistet und ist einer der frühen Wegbereiter der hocheffizienten Wohnungslüftung, wie wir sie heute kennen und in diesem Buch speziell für die Sanierung erläutert wird. Ohne ihn gäbe es viele der heute verfügbaren Konzepte und Produkte nicht.

Die vom Passivhaus Institut jährlich veranstaltete Internationale Passivhaustagung sowie der „Arbeitskreis kostengünstige Passivhäuser“ beschäftigen sich regelmäßig wissenschaftlich und baupraktisch mit dem Thema. Viele der hier vorgestellten Konzepte gehen darauf zurück. Meinen ehemaligen KollegInnen Kristin Bräunlich, Tanja Schulz und Oliver Kah möchte ich für den wertvollen Input aus dem Arbeitskreis und dem Component-Award sowie der Gerätezertifizierung danken.

Nicht zuletzt gilt mein Dank meinen jetzigen und ehemaligen KollegInnen am Arbeitsbereich Energieeffizientes Bauen an der Universität Innsbruck, Elisabeth Sibille, Gabriel Rojas Kopeinig, Christoph Speer, Dietmar Siegele und Fabian Ochs, für die spannenden gemeinsamen Forschungsarbeiten und Publikationen auf dem Gebiet der hocheffizienten Komfortlüftung, Heizung und Kühlung. Viele der hier vorgestellten Konzepte, Projekte und Ideen sind aus dieser Forschungszusammenarbeit hervorgegangen.

Inhaltsverzeichnis

1 Grundlagen zur Lüftung mit Wärmerückgewinnung im Bestand

1.1 Historie zu Nutzen und Notwendigkeit der kontrollierten Wohnraumlüftung

Zunächst stellt sich die Frage, ob die Notwendigkeit der Lüftung in unseren Bestandsbauten heute ein neues Phänomen darstellt. Warum wurden solche Anlagen denn nicht schon bei der Errichtung des Gebäudes eingeplant? Bereits Max von Pettenkofer wusste ja um die Bedeutung des Luftwechsels in Wohngebäuden [Pettenkofer 1858]. Moderne hocheffiziente Wohnungslüftungsanlagen sorgen für hohe Raumluftqualität und sparen über 80 % der Lüftungswärmeverluste.

Die Erklärung liegt im Wandel der Komfort- und Effizienzansprüche sowie der Technologieentwicklung in der Geschichte des Wohnungsbaus begründet. Ausgehend von Einzelraumheizungen (Kamin- und Ofenheizung) wandelten sich die Wärmeverteilsysteme (anfänglich Dampf- und Schwerkraftheizung, schließlich Pumpenwarmwasserheizung) zur Zentralheizung. Der von Einzelöfen erzeugte Unterdruck verursachte eine Nachströmung durch Gebäudeleckagen und Fugen zwischen Fensterflügeln und Rahmen. Darüber hinaus verfügten viele innerstädtische Mietshäuser bereits über vertikale Lüftungsschächte, hauptsächlich zur WC- und Badbelüftung. Mit der Umstellung auf die Zentralheizung entfiel die kontinuierliche Antriebskraft, die sporadische Fensterlüftung reichte häufig als Ergänzung zur Fugenlüftung nicht mehr aus. Spätestens in den 1950er-Jahren erkannte man die hohe Bedeutung der Luftdichtheit für den Wärmeschutz. In den 1960er- und 1970er-Jahren wurde die Luftdichtheit von Fenstern und Türen sowie deren Eindichtung in die Außenwand schrittweise verbessert. Auf diese Weise konnte nicht nur der Komfort (Zugfreiheit), sondern auch die Energieeffizienz der Gebäude drastisch gesteigert werden. Erst in den 1980er-Jahren wurden Sorgen wegen fugendichter Fenster geäußert. Diese Bedenken bezogen sich zunächst allerdings primär auf die Gefahr einer CO-Vergiftung durch den Betrieb offener Feuerstätten [Bauphysik 4/1980].

Spätestens mit der Nachrüstung von neuen Fenstern mit Lippendichtung stellten sich aber gehäuft Feuchteschäden und Schimmelpilzwachstum ein. Die Schadensursache ist leicht zu erkennen: Die im Gebäude anfallenden Feuchtelasten durch Personen, Duschen, Wäschetrocknen, Kochen etc. werden nicht mehr ausreichend abgeführt. Es kommt zu einem Anstieg der Raumluftfeuchte und in weiterer Folge zu Schimmelbildung an der Innenoberfläche von kalten Außenbauteilen, insbesondere bei Wärmebrücken, hinter Möbeln und an Kanten zur Kellerdecke sowie an Fensterlaibungen, Deckenanschlüssen etc.

Dass es sich hierbei keineswegs um Einzelfälle handelt, zeigen die Ergebnisse einer repräsentativen Studie in Deutschland [Brasche 2003] unter der Federführung der Friedrich-Schiller-Universität Jena: Mehr als 15 Millionen Bundesbürger leben mit Schimmelpilz und Feuchtigkeit. Das entspricht etwa sieben Millionen Wohnungen. Für die Studie hatten etwa 400 Bezirksschornsteinfeger bundesweit rund 30000 Räume in 5530 Wohnungen, die nach dem Zufallsprinzip ausgewählt worden waren, überprüft. Dabei waren Mieter und Eigentümer auf freiwilliger Basis befragt worden. 22 Prozent der Wohnungen hatten demnach Schäden durch Feuchtigkeit und Schimmelpilz.

Abbildung 1.1
Schimmelbildung an Innenoberflächen bei mangelndem Außenluftwechsel nach luftdichtem Einbau von fugendichten Fenstern (Quelle: Neuffer Fenster + Türen GmbH)

Nach [Thaler 2010] können die durch Wohnraumlüftungsanlagen verminderten Kosten für die Beseitigung von Kondensations- und Schimmelschäden relativ genau ermittelt werden, wenn die durchschnittlichen Sanierungskosten je Schadensfall mit der Wahrscheinlichkeit des Auftretens von lüftungsrelevanten Kondensationsschäden multipliziert werden. Demnach ergeben sich *pro Jahr und Wohnung durchschnittliche Schimmelbeseitigungskosten von 125 €*, wenn die Wohnung über keine kontrollierte Lüftung verfügt.

An dieser Stelle sei nochmals betont, dass die technischen Entwicklungen (Bauprodukte) und Bemühungen zur Qualitätssicherung (Luftdichtheitstests) zur Luftdichtheit im Bauwesen eine der wichtigsten Schritte hin zu verbessertem Komfort und eine wesentliche Voraussetzung für die Energieeffizienz sowohl im Neubau als auch in der Sanierung darstellen.

1.2 Vermeidung von Feuchteschäden und Schimmelpilz

Eine der wesentlichen Aufgaben der Wohnungslüftung ist die Entfeuchtung, also die Abfuhr der Wasserdampfbeladung der Raumluft. Aber auch zu geringe Raumluftfeuchte kann Schäden verursachen. Beides wird in den nachfolgenden Abschnitten thematisiert.

1.2.1 Feuchteschäden durch zu geringe Außenluftwechselraten

Die bauphysikalische Konsequenz, dass die nun fehlende Infiltration durch Fugenlüftung durch eine maschinelle Lüftung ersetzt werden musste, wurde allerdings nur sehr zögerlich und in den Anfängen fast ausschließlich durch reine Abluftanlagen umgesetzt. In der Folge zeigten sich bei fehlender Lüftung reihenweise Schimmelschäden. Die Erkenntnis, dass das Problem auch durch dreimal täglich Stoßlüftung nicht lösbar ist, setzte sich erst sehr spät durch. Im Mietwohnungsbau wurde zunächst versucht, die Schimmelbeseitigungskosten den Mietern aufzubürden. Der Verweis auf mangelhaftes Lüftungsverhalten wurde jedoch mit den OGH-Urteilen in Deutschland und Österreich als nicht zulässig erkannt.

„Wird ein Objekt zu Wohnzwecken vermietet, hat der Vermieter dafür einzustehen, dass es in ortsüblicher Weise auch dafür genutzt werden darf und nutzbar ist. Kann Schimmelbildung vom Mieter nicht mit einem normalen Lüftungsverhalten verhindert werden, ist dies daher dem Vermieter, nicht dem Mieter zuzurechnen." (OGH | 8 Ob 34/17h | 28.09.2017)

Amtsgericht München: Durchgängiges Lüften kann nicht verlangt werden, auch nicht ein Nachtschlaf bei geöffnetem Fenster (Amtsgericht München, Urteil vom 11.6.2010, 412 C 11503/09 – Juris).

Praktisch gesehen ist es auch kaum möglich, den notwendigen Luftwechsel durch regelmäßiges Fensterlüften über den Tag verteilt zu bewerkstelligen. Tagsüber können Wohnungen bei Berufstätigen über viele Stunden unbelegt sein. Ebenso ist auch die regelmäßige Fensteröffnung in den Nachtstunden insbesondere im Kernwinter nicht zumutbar.

In Deutschland sind nach baulichen Veränderungen, wie dem Einbau von dichten Fenstern, Vermieter verpflichtet, Mieter über neue Anforderungen ans Heizen und Lüften zu informieren (OLG Frankfurt, AZ 19 U 7/99). Übertriebenen Vorschriften im Mietvertrag, nach denen ein Mieter alle zwei Stunden zu lüften hat, erteilen die Gerichte aber eine Absage. Zwei- bis dreimaliges Stoßlüften pro Tag muss genügen (OLG Frankfurt, AZ 19 U 7/99). Bauphysikalisch kann aber je nach Feuchtelast gezeigt werden, dass damit Schimmelbildung nicht sicher vermieden werden kann.

Neben dem Lüftungsverhalten beeinflusst die Höhe der Feuchtequellen in einer Wohnung maßgeblich die Raumluftfeuchte. Diese Quellen sind maßgeblich von der Belegungsdichte abhängig. Den größten Unterschied im Wohnverhalten stellt dabei die Art und Menge des Wäschetrocknens dar. Energetisch und ökonomisch vorteilhaft ist hier die Wäschetrocknung auf der Leine: Die Feuchtelasten werden dabei in voller Höhe im Aufstellraum freigesetzt. Wird die Wohnung weder durch Infiltration und Fugenlüftung noch über maschinelle Lüftung oder Fensterlüftung ausreichend belüftet, kommt es je nach Randbedingungen (Baustandard, Außenklima) vermehrt zu Feuchteschäden. Aber auch hierzu haben die Gerichte klare Vorgaben bezüglich der Rechtsprechung, wie das folgende Urteil vom AG Wiesbaden zeigt:

„Die Möglichkeit des Wäschewaschens und -trocknens gehört zum Kernbereich eines Mietverhältnisses über einen Wohnraum. Ein Vermieter kann, so die Rechtsprechung von seinem Mieter nicht die Anschaffung eines Wäschetrockners verlangen." (AG Wiesbaden, Urteil v. 29.03.2012, Az. 91 C 6517/11)

Über die Bandbreite der wohnüblichen Feuchtequellen existieren zahlreiche Veröffentlichungen, die Anhaltswerte für die notwendigen Luftwechselraten zur Entfeuchtung liefern können. Für fast alle Feuchtequellen besteht dabei eine grobe Übereinstimmung. Lange Zeit wurde allerdings das Kochen als Feuchtequelle überschätzt – vermutlich basieren diese überhöhten Daten aus alten Quellen. Die Kochzeiten und Wasserdampfmengen in modernen Wohnküchen sind gegenüber früher drastisch gesunken. Wenn gleichzeitig Dunstabzugshauben in Betrieb sind, haben diese Feuchtemengen in der Wohnung keine praktische Relevanz. Tabelle 1.1 gibt einen Überblick über die anfallenden Feuchtemengen.

Tabelle 1.1 Wohnübliche Feuchtequellen nach Anwendung und Personenzahl

Feuchtequelle	g Wasserdampf pro Anwendung bzw. Vorgang bzw. Tag		Feuchteproduktion pro h eines durchschnittlichen Vierpersonenhaushalts[1)] in g/h
Topfpflanzen	5	Gießen	40
Wäschetrocknen 4,5 kg	3200	Trocknungsvorgang	0 [2), 3)]
Wannenbad	1100	Bad	13
Dusche	1600	Duschvorgang	133
Kochen (Kurzzeitgericht)	70	Kochvorgang	3
Kochen (Langzeitgericht)	200	Kochvorgang	8
Geschirrspülmaschine	200	Spülvorgang	6
Waschmaschine	300	Waschvorgang	0 [2)]
schlafender Mensch (8 h)	50	Tag	67
wacher Mensch (6 h)	80	Tag	60
Gesamte mittlere Feuchtelast			**330 g/h**

[1)] auf 24 Stunden hochgerechnet, [2)] findet in der Regel nicht in der Wohnung statt, [3)] in der Regel Kondensat- oder Ablufttrockner

Wenn Sie sich selbst ein Bild über die Feuchtebilanz Ihrer Bestandswohnung machen möchten, kann diese Bilanz nach folgender Formel in Abhängigkeit des Außenluftvolumenstroms bzw. der Luftwechselrate berechnet werden.

Absolute Feuchte der Raumluft

$$x_{ab} = x_{au} + \frac{Q}{\dot{V}_{ab}} = x_{au} + \frac{Q}{n\,V}$$

mit

x_{ab} = absolute Feuchte der Abluft bzw. Raumluft in kg/m³

x_{au} = absolute Feuchte der Außenluft in kg/m³

n = Außenluftwechselrate in 1/h

V = Gebäudevolumen in m³

Q = Feuchtequelle in kg/h

In der Dissertation von Reichel [Reichel 1999] wird ein personenbezogener Feuchteeintrag von 90 g/h als Mittelwert angenommen. Abweichungen davon treten hauptsächlich in Bezug auf die Wäschetrocknung auf, je nachdem ob diese in der Wohnung oder außerhalb bzw. mittels Abluft- oder Kondensationstrockner erfolgt.

Diese Abschätzung geht vereinfachend davon aus, dass sich ein sogenanntes stationäres Gleichgewicht eingestellt hat. Sie vernachlässigt also dynamische Feuchteschwankungen und die Pufferwirkung von Feuchtespeichern (Innenputz, Bauteile, Einrichtung, wie z. B. Bücherregale etc.). Letztere können die Feuchteschwankungen in der Raumluft deutlich reduzieren, weil sie bei plötzlich absinkender Raumluftfeuchte Wasserdampf abgeben bzw. bei Feuchtespitzen diesen z. T. wiederaufnehmen können. Dennoch gibt die genannte Abschätzung bereits gute Anhaltswerte und liegt eher auf der sicheren Seite, sowohl was zu hohe als auch zu niedrige Werte angeht.

Aus gesundheitlichen Gründen ist die Raumluftfeuchte im Bereich von 30 bis 50 % r. F. zu halten; sie sollte also weder zu gering noch zu hoch sein. Wie bereits erwähnt, treten bei zu hohen Raumluftfeuchten gehäuft Schimmelschäden auf, die gerade für Kinder besonders schädlich, weil allergieauslösend sein können. Wie von Sedlbauer [Sedlbauer 2001] bereits 2001 erkannt, tritt Schimmel an Oberflächen nicht erst bei Tauwasserausfall, also bei Unterschreiten des Taupunkts auf, sondern je nach Temperatur, Substrat und Einwirkungsdauer bereits ab einer relativen Feuchte von ca. 80 % an der Oberfläche (diesen Wert nennt man in der Bauphysik den a_W-Wert). Sedlbauer entwickelte sowohl ein sogenanntes „Isoplethenmodell" als auch ein instationäres biohygrothermisches Modell, das heute die Beurteilung von Baukonstruktionen unter instationären Randbedingungen auf die Gefahr von Schimmelbildung erlaubt.

Über eine einfache Berechnung der Oberflächentemperatur können Sie aber bereits abschätzen, ob in Ihrem Bestandsgebäude unter gegebenen Randbedingungen Schimmel auftreten kann oder nicht bzw. auf welchen Wert Sie die Raumluftfeuchte begrenzen müssen, damit kein Schimmel auftritt. Nach DIN 4108 Teil 2 wird für diese Abschätzung der dimensionslose Temperaturfaktor f_{RSi} verwendet, der mindestens einen Wert von 0,7 erreichen soll. Dabei liegen als Randbedingungen 50 % für die Raumluftfeuchte und 20 °C Raumtemperatur bzw. –5 °C Außentemperatur zugrunde. Ab einer Unterschreitung der Oberflächentemperatur von 12,6 °C kann es demnach unter diesen Randbedingungen bereits zu Schimmelpilzwachstum kommen. In der Realität können natürlich noch kritischere Randbedingungen (geringere Außentemperaturen und höhere Raumluftfeuchten) auftreten.

$$f_{RSi} = \frac{T_{Si} - T_e}{T_i - T_e}$$

mit:

f_{RSi} = dimensionsloser Temperaturfaktor ≥ 0,7

T_{Si} = Wandoberflächentemperatur in °C

T_e = Außentemperatur in °C

T_i = Innentemperatur in °C

Es handelt sich dabei also um eine Anforderung, die nicht zwingend auf der sicheren Seite liegt. Im Falle gravierender Wärmebrücken, wie sie in Einzelfällen im Altbau auftreten können, kann es je nach Nutzerverhalten und Außenbedingungen auch dann zu Schimmelbildung kommen, wenn die genannte Forderung eingehalten wird.

1.2.2 Schäden an Gesundheit, Bauteilen und Einrichtungsgegenständen durch zu geringe Raumluftfeuchte

Wie auch in Kapitel 1.3 zur Luftmengendimensionierung noch ausgeführt wird, kann auch zu geringe Raumluftfeuchte zu Schäden führen. Diese tritt dann auf, wenn zu hohe Außenluftwechselraten bei geringer absoluter Außenluftfeuchte gefördert werden. Primär sind hier gesundheitliche Beeinträchtigungen der Schleimhäute und der Tränenfilmstabilität des Auges zu nennen. Darüber hinaus kann trockene Raumluft aber auch zu Schwinden von Holzbauteilen führen. Parkettbodenhersteller empfehlen daher, die Raumluft stets über 30 % r. F. zu halten, denn unterhalb beginnt das Holz zu schwinden und sich in Extremfällen sogar zu verbiegen (werfen). Auch Einrichtungsgegenstände und insbesondere Musikinstrumente können bei Lagerung in extrem trockener Raumluft Schäden erleiden.

1.2.3 Feuchteschäden durch Zuluftüberschuss

Neben den Feuchteschäden durch Kondensation an kalten Oberflächen können gravierende Schäden auch im Bauteilinneren von Außenbauteilen auftreten. Tritt warme feuchte Luft (hoher Wassergehalt) durch Leckagen in die Bauteiltiefe vor, so kühlt sie sich ab und wird bei Taupunktunterschreitung auskondensieren, durchfeuchtet also das Bauteil. Dieser Effekt tritt immer dann ein, wenn ein dauerhafter Überdruck im Gebäude vorliegt, hervorgerufen entweder durch Dichteunterschiede der Luft zwischen innen und außen in den Wintermonaten oder durch Disbalance der Lüftungsanlage im Falle von Zuluftüberschuss. Fördert der Zuluftventilator dauerhaft mehr Luft in das Gebäude, als durch den Abluftventilator abtransportiert wird, so steigt der Druck im Gebäudeinneren und die überschüssige Luft entweicht durch Leckagen in der Gebäudehülle. Massive Langzeitschäden an Wand- und Dachbauteilen sowie Fenstern können die Folge sein und müssen unter allen Umständen verhindert werden. In Kapitel 6.1.4 wird daher speziell darauf eingegangen, wie dieser sogenannte Balanceabgleich für Zu-/Abluftanlagen realisiert werden kann.

1.3 Luftmengendimensionierung

1.3.1 Raumluftfeuchte

Die Notwendigkeit der Entfeuchtung zur Vermeidung von Schäden stellt nur eines der Kriterien zur richtigen Luftmengendimensionierung dar. Die weit verbreitete Ansicht „viel hilft viel“ kann im Kernwinter in das Gegenteil umschlagen. Überhöhte Außenluftwechselraten führen in diesem Zeitraum zu trockener Raumluft, die sich – falls sie dauerhaft vorliegt – negativ auf die Gesundheit der Menschen in diesen Räumen auswirkt. Zahlreiche Studien haben nachgewiesen, dass eine Austrocknung der Schleimhaut der Atemwege und die Beeinträchtigung der Tränenfilmstabilität des Auges zu langfristigen bis hin zu chronischen Beeinträchtigungen der Gesundheit führen können. Die richtige Dimensionierung der Luftmengen stellt damit nicht nur eine Aufgabe zur Verbesserung des Komforts, sondern wirkt sich auch unmittelbar auf die Gesundheit aus. Dies gilt sowohl für die Vermeidung von zu trockener als auch von zu feuchter Luft. Dauerhaft hohe Raumluftfeuchten fördern das Wachstum von Milbenpopulationen (Hausstaubmilbe) und können, wie bereits in den Kapiteln 1.2.1 und 1.2.2 erläutert, zu Schimmelwachstum beitragen. Gute Wärmedämmung, Vermeidung von Wärmebrücken und die Wohnungslüftung helfen daher dabei, Schimmelbildung sicher zu verhindern.

Basierend auf den Forschungsergebnissen von Liviana [Liviana 1988] empfahl der ASHRAE-Standard 62-1989 einen Bereich der Raumluftfeuchte von 30–60 % r. F. Der ASHRAE-Standard 55-1992 führte eine Untergrenze der absoluten Raumluftfeuchte von 4,5 g/kg (entspricht 28 % r. F. bei 22 °C Raumlufttemperatur) ein, die geringfügig höher ausfällt als die Empfehlung nach [Liviana 1988] mit einer Taupunkttemperatur von 2 °C.

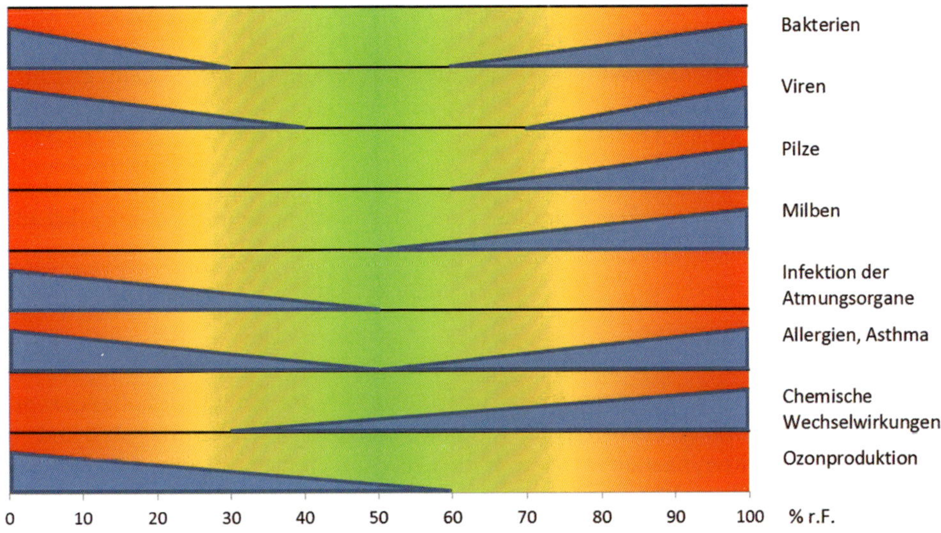

Abbildung 1.2 Zuträglicher Bereich der Raumluftfeuchte nach [Scofield 1992]

Auch wenn es keine einheitliche Untergrenze der Raumluftfeuchte in Standards, Normen und Empfehlungen gibt, so setzen physiologische Beeinträchtigungen wie trockene Haut, Schleimhaut-Irritationen, Trockenheit des Auges sowie elektrostatische Aufladungen in der Praxis Grenzen der Akzeptanz extrem trockener Raumluft. Es wird daher schon aus gesundheitlichen Gründen von einer dauerhaften Unterschreitung von 30 % r. F. abgeraten.

1.3.2 Raumluftschadstoffe

Die Raumluftfeuchte stellt aber nicht das einzige Kriterium für die Luftmengendimensionierung dar. Weitere Hauptaufgabe der Wohnungslüftung ist neben der Entfeuchtung auch die Schadstoffabfuhr. Strenggenommen handelt es sich dabei nur um eine Verdünnung der Schadstoffkonzentrationen im Raum. Oberste Priorität sollte in jedem Fall die Schadstoffvermeidung haben. Dies stellt eine wesentliche Planungsaufgabe nicht nur im Neubau, sondern auch bei der Materialauswahl für den Ausbau in der Sanierung dar. Baustoffe, Klebstoffe und Anstriche dürfen keine schädlichen Emissionen abgeben. Erst durch die Kombination aus Schadstoffmanagement und ausreichender Lüftung wird eine gesunde Raumluft dauerhaft erreicht. Dabei stellt der Altbau eine besondere Herausforderung dar, weil zwar heutige Baustoffe hinsichtlich ihrer Emissionen in Europa strengen Anforderungen unterliegen, Emissionen aus Bestandsbauten und Schadstoff-Freisetzungen aus Abbrucharbeiten aber je nach Baualter erheblich ausfallen können. Hierzu bietet sich vor der Sanierung eine Untersuchung der Gebäude auf Schadstoffe an, um etwaige Verursacher aufzuspüren (siehe z. B. [EN ISO 16000-32]).

Neben den Raumluftschadstoffen aus Einrichtungsgegenständen und Baumaterialien spielen auch Schadstoffe eine Rolle, die mit der Außenluft angesaugt werden. Neben Abgasen aus dem Verkehr und Verbrennungsprozessen ist hier an erster Stelle das Radon zu nennen. Diese Schadstoffe können durch geschickte Auswahl der Außenluftansaugung (siehe hierzu Kapitel 7.3) minimiert werden. Gleiches gilt für die Rückströmung von Schad- und Geruchsstoffen aus der Fortluft in die Außenluftansaugung.

Ein besonderes Gefahrenpotenzial geht von CO aus Verbrennungsvorgängen beim gleichzeitigen Betrieb von Feuerstätten und Lüftungsanlagen aus. Die hier zu beachtenden Sicherheitsvorkehrungen sind in Kapitel 2.3 beschrieben.

Checkliste

- mit schadstoffarmen Baustoffen, Klebstoffen und Anstrichen bauen und sanieren (Schadstoffmanagement)
- schadstoffreiche Einrichtungsgegenstände, Reinigungsmittel etc. vermeiden (Hinweis an die Nutzer)
- Rückströmung von Fortluft in die Außenluftansaugung vermeiden, siehe Kapitel 7.3
- Vermeidung von CO-Rückströmung, falls Feuerstätten in Kombination mit Lüftungsanlagen eingesetzt werden sollen: nur Geräte mit raumluftunabhängiger Verbrennungsluft und diese auch nur in Kombination mit einer Sicherheitseinrichtung (5-Pa- bzw. 1-Pa-Schalter) verwenden, siehe Kapitel 2.3.

1.3.3 Luftmengenoptimierung – nicht zu viel und nicht zu wenig!

Aus den genannten widersprüchlichen Anforderungen, einerseits die Luftmengen für ausreichende Schadstoffabfuhr möglichst hoch, andererseits zur Vermeidung trockener Raumluft (je nach Außenklima) möglichst gering zu dimensionieren, ergibt sich das in der Lüftungstechnik bekannte Zuluftmengendilemma.

In einer umfangreichen Studie wurde eine objektive Bewertungsmetrik auf Basis gesundheitlicher Kriterien entwickelt, um Empfehlungen für die Zuluftvolumenströme in Wohnbauten abzuleiten [Rojas 2015a]. Als Maßstab wurde die sogenannte Zielwertabweichung herangezogen. Die relative Zielwertabweichung ist ein Maß für Dauer und Stärke von Über- bzw. Unterschreitung des anzustrebenden Zielwerts und sollte somit möglichst minimiert werden. Der Wert 0 bedeutet, dass der Zielwert immer eingehalten wird; der Wert 1 bedeutet, dass im zeitlichen Mittel der entsprechende Grenzwert für inakzeptable Raumluftzustände erreicht wird. Als Beispiel wurde in Abbildung 1.3 die relative Zielwertabweichung für ein Schlafzimmer mit zwei Personen aufgetragen. Es zeigt sich, dass Schadstoffemissionen aus Bauprodukten nicht die bestimmenden Faktoren für die Dimensionierung der erforderlichen Luftwechselrate sind. Messstudien bestätigen, dass die VOC-Konzentrationen in Innenräumen in der Regel unter den gesundheitlich kritischen Werten liegen [Tappler et al. 2014], und lassen erkennen, dass die europäische Bauprodukterichtlinie (89/106/EWG) bzw. die Bauprodukteverordnung (305/2011) wirksam ist. Setzt man die Wirksamkeit emissionsbegrenzender Regulatorien voraus, bedeutet dies, dass

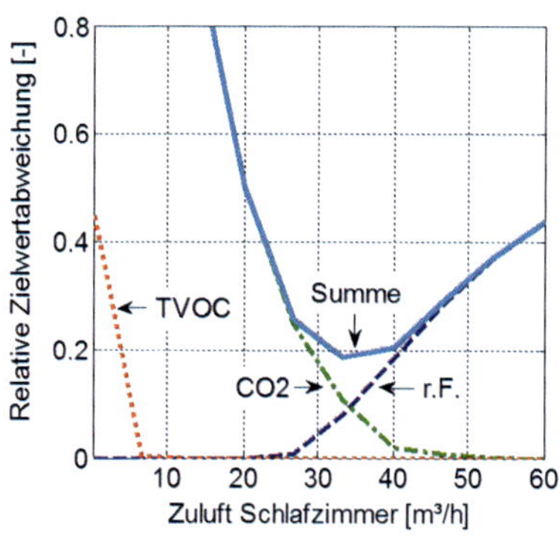

Abbildung 1.3 Relative Zielwertabweichung als Funktion der Zuluftmenge für ein Schlafzimmer mit zwei Personen (Quelle: [Rojas-Kopeinig 2015])

die Lüftung so zu betreiben ist, dass anthropogene Schad- und Geruchstoffe (über die CO_2-Konzentration quantifizierbar) ausreichend abgeführt werden, ohne die Raumluftfeuchte zu stark zu senken.

Für die Zuluftmenge in das Schlafzimmer ergibt sich der beste Kompromiss zwischen CO_2-Konzentration und Raumluftfeuchte bei 20 m³/h pro Person für ein österreichisches Referenzklima. Falls der Grundriss die erweiterte Kaskadenlüftung zulässt, ist kein weiterer Zuluftvolumenstrom für das Wohnzimmer erforderlich. Mit dieser Einstellung sind CO_2-Konzentrationen über dem sogenannten Pettenkofer-Limit von 1000 ppm im Schlafzimmer möglich. Dass dies gesundheitlich akzeptabel ist, bestätigt auch eine EU-Studie [Remacle et al. 2013]. Darin wurde gefolgert, dass bei CO_2-Konzentrationen bis 1500 ppm gesundheitliche Beeinträchtigungen ausgeschlossen werden können, emissionsarme Bauweise, Anstriche, Reinigungsmittel und Einrichtungsgegenstände vorausgesetzt. Dass eine CO_2-Konzentration im Schlafzimmer über 1000 ppm in der Regel nicht als Komfortproblem wahrgenommen wird, bestätigen auch diverse Monitoringstudien mit sozialwissenschaftlichen Befragungen [Tappler et al. 2014; Wagner et al. 2010, 2012; Wagner, Prein, Felberbauer et al. 2009; Wagner, Prein, Spörk-Dür et al. 2009]. Wird ein Lüftungsgerät mit Feuchterückgewinnung eingesetzt, löst sich das Zuluftdilemma und es können höhere Luftwechselraten ohne Gefahr einer zu trockenen Raumluft eingestellt werden. Je nach Feuchterückgewinnungsgrad kann jedoch z. B. bei Altbauten (mit starken Wärmebrücken) eine übermäßig hohe Luftwechselrate erforderlich werden, um Schimmelfreiheit zu gewährleisten.

1.3.4 Dimensionierung der Luftmengen in den Betriebsstufen

Die Einstellung der Luftmengen kann entweder automatisiert (bedarfsgeführte Regelung über Sensoren) oder manuell durch den Nutzer erfolgen. Letztere Variante kann sowohl stufenlos als auch in mehreren diskreten Stufen realisiert werden. Zunächst würde man die stufenlose Einstellung bevorzugen, um alle Variationsmöglichkeiten offen zu halten und einen besser auf den Bedarf angepassten Volumenstrom zu ermöglichen. In der Praxis hat sich aber gezeigt, dass eine Dreistufenschaltung völlig ausreichend und für den Nutzer besser zu handhaben ist als die stufenlose Einstellung, weil die Zusammenhänge zwischen Luftwechselrate, Raumluftqualität und Raumluftfeuchte häufig nicht bekannt sind und damit aus Unwissenheit häufig Fehleinstellungen zustande kommen. Daher soll diese Dreistufenschaltung und deren Dimensionierung an dieser Stelle etwas näher ausgeführt werden.

Stufe „minimal"

Diese Stufe wird als Grundlüftung bezeichnet und sorgt nur für die Schadstoffabfuhr aus Einrichtungsgegenständen und Baustoffen sowie zum Feuchteschutz – also Raumluftbelastungen, die auch bei Abwesenheit der Bewohner anfallen. Die Dimensionierung dieser Stufe soll einem Mindestluftwechsel von 0,25 bis 0,3 1/h entsprechen. Sie liegt bei etwa 54 % der maximalen Stufe („Stoßlüftung").

Stufe „normal"

Die Dimensionierung der Luftmenge für die Normalbetriebsstufe sollte sehr sorgfältig und unter Berücksichtigung der normalerweise zu erwartenden Belegungsdichten der Wohnung eingestellt werden. Sollten sich letztere über die Zeit ändern, sollte auch diese Dimensionierung entsprechend nachgestellt werden, damit die Luft nicht zu trocken (weniger Personen) oder zu schlecht/feucht (mehr Personen) wird. Als grobe Auslegung kann man den Richtwert 25 bis 30 m^3/h pro Person heranziehen. Ein Vierpersonenhaushalt würde also einem Sollvolumenstrom von ca. 120 m^3/h entsprechen. Im Kernwinter könnte dieser Volumenstrom noch etwas abgesenkt werden.

Stufe „Stoßlüftung"

Diese Stufe wird nur in Zeiten hoher Raumluftbelastung oder starker Feuchtequellen (Kochen, Duschen, Toilette) benötigt und soll nach ca. 30 bis 45 Minuten wieder in die Stufe „normal" automatisch zurückfallen (siehe hierzu auch Kapitel 7.18.3).

Hinsichtlich der Luftmengendimensionierung für diese Stufe sollte man sich die Frage stellen, welchen Komfort man von der Anlage erwartet. Mit sehr hohen Volumenströmen erreicht man Geruchsfreiheit schon nach kurzer Zeit nach dem Kochen. Auch das Badezimmer trocknet rasch aus etc. Zu bedenken ist jedoch, dass die Geräteauswahl diesen Maximalvolumenstrom berücksichtigen muss. Dies stellt bei vielen Geräten nicht das Problem dar; die Einschränkung liegt hingegen häufig im Bereich geringer Volumenströme. Der Regelbereich für den Minimalvolumenstrom, der noch sicher eingeregelt werden kann, hängt von der Ventilatorgröße und dessen Bauart sowie der Steuerung ab. Wird ein zu großer Ventilator gewählt, ist häufig der Minimalvolumenstrom gerade im Kernwinter und bei geringen Belegungsdichten zu hoch. Es besteht dann die Gefahr von zu trockener Luft. Diesen Zusammenhang sollte man bei der Wahl des Volumenstroms für die Stufe „Stoßlüftung" berücksichtigen. Darüber hinaus haben sehr hohe Volumenströme natürlich auch den Nachteil einer höheren Schallbelastung durch Strömungsrauschen sowie einen erhöhten Stromverbrauch der Ventilatoren, der mit der dritten (sic!) Potenz mit zunehmendem Volumenstrom anwächst.

Normalerweise würde man die Stoßlüftungsstufe ca. 30 % über der Normalvolumenstufe ansetzen. Handelt es sich allerdings um kleine Wohneinheiten mit geringer Bewohnerzahl oder gar Single-Wohnungen, wäre diese Anhebung auf nur 39 m^3/h für den Betrieb von Küche und Bad deutlich zu gering. Empfehlenswert ist es daher, die Stoßlüftungsstufe unabhängig von der Betriebsstufe „normal" auf einen konstanten, dem Abluftbedarf bei hoher Geruchs- oder Feuchtelast entsprechenden Wert zu dimensionieren. Der maximale Volumenstrom für Küche, Bad und WC sollte dabei etwa einem zwei- bis dreifachen Luftwechsel entsprechen. Bei Stoßlüftung würde der Gesamtvolumenstrom dann je nach Raumgrößen ca. 120 bis 160 m^3/h betragen.

2 Notwendigkeit, Voraussetzungen und Besonderheiten der Lüftung im Bestand

2.1 Lüftung zur Vermeidung von Feuchteschäden im Bestand

Wie bereits bei den Grundlagen der Lüftung erwähnt, nimmt die Entfeuchtung der Raumluft in Bestandsgebäuden eine besondere Bedeutung bei der Vermeidung von Feuchteschäden ein. Gegenüber dem Neubau sind die Möglichkeiten der Wärmebrückenminimierung häufig begrenzt. Insbesondere im Bereich von aufsteigendem tragenden Mauerwerk können die Wärmebrücken nicht mehr vollständig beseitigt, sondern nur mittels Begleitdämmung abgemildert werden. Eine durch die kontrollierte Lüftung dauerhaft sichergestellte Begrenzung der Raumluftfeuchte kann hier ganz wesentlich zur Schadensvermeidung beitragen. Auch die im Vergleich zur Außendämmung bauphysikalisch kritischere Innendämmung kann mit größerer Sicherheit bauschadensfrei gehalten werden, wenn eine maschinelle Be- und Entlüftung nachgerüstet wird. Somit ist die Bedeutung der kontrollierten Lüftung bei der Sanierung noch höher als im Neubau anzusehen. Warum ist sie dann bis heute im Bestand noch so wenig verbreitet, auch wenn in den letzten Jahren hier ein deutlicher Anstieg zu verzeichnen ist?

2.2 Voraussetzungen hinsichtlich der Gebäudedichtheit

Vor dem Einbau einer kontrollierten Wohnungslüftung in ein Bestandsgebäude wird man sich die Frage stellen, ob das Gebäude hinsichtlich der Dichtheit hierfür überhaupt die Voraussetzungen erfüllt. Denn leider halten heute selbst Neubauten nicht automatisch die erforderlichen Grenzwerte ein.

Warum ist die Gebäudeluftdichtheit im Alt- wie im Neubau von so großer Bedeutung? Luftdichtheit verbessert nicht nur den Schallschutz, sondern hilft, wie eingangs erwähnt, auch Feuchteschäden zu vermeiden. Aufgrund der reduzierten Infiltrationsverluste rechnet sich die luftdichte Bauweise schon allein durch die resultierenden Heizwärmeeinsparungen.

Komfortlüftung mit Außen- und Fortluft im balancierten Betrieb (gleich hohe Volumenströme) arbeitet druckneutral, d. h., der Innendruck des Gebäudes gleicht dem Umgebungsdruck. Dennoch treten In- bzw. Exfiltrationsluftwechsel (Ein- bzw. Austritt von Luft durch Leckagen in der Gebäudehülle) durch den Antrieb von Winddruck bzw. aufgrund von Dichteunterschieden (Temperaturdifferenz zwischen innen und außen) auf. Diese Leckagevolumenströme werden nicht über den Wärmeübertrager des Lüftungsgeräts geführt, die Wärmerückgewinnung ist für diesen Anteil des Gebäudeluftwechsels also nicht wirksam. Die Leckagevolumenströme tragen damit direkt zur Erhöhung der Lüftungswärmeverluste bei. Dadurch wird der Anteil der Wärmerückgewinnung an den Lüftungswärmeverlusten und somit auch die Wirtschaftlichkeit reduziert. Auf diesen Zusammenhang wird in Kapitel 10 näher eingegangen. An dieser Stelle sei lediglich auf eine Mindestanforderung an den n_{50}-Wert (Drucktestergebnis bei 50 Pa) von maximal 1,0 1/h nach DIN 18599-2 für Gebäude mit „raumlufttechnischen Anlagen" verwiesen.

2.3 Kombinierter Betrieb von Lüftungsanlagen und Feuerstätten

Wie bereits in Kapitel 1.3.2 über Raumluftschadstoffe erläutert, stellt CO ein hochgiftiges Gas dar, das durch Rückströmung aus dem Verbrennungs- und Abgassystem von Feuerstätten gefährlich hohe Konzentrationen in Innenräumen annehmen kann. Daher ist unter allen Umständen ein Unterdruck im Aufstellraum der Feuerstätte zu verhindern.

Grundsätzlich sind Feuerstätten raumluftunabhängig auszuführen, d. h., die Verbrennungsluft darf nicht aus dem Aufstellraum entnommen werden, sondern muss von außen zugeführt werden.

Darüber hinaus ist der Unterdruck im Aufstellraum jeder Feuerstätte gegenüber dem Außendruck zu überwachen. Bei einem Unterdruck im Aufstellraum größer als 4 Pa sind die raumlufttechnischen Anlagen automatisch abzuschalten. Hierfür stehen geprüfte Sicherheitseinrichtungen zur Verfügung. Die Unbedenklichkeit der Kohlenstoffmonoxid-Konzentration in der Raumluft sollte zusätzlich durch besondere Sicherheitseinrichtungen (z. B. CO-Warngerät) überwacht werden.

Einige Ofenhersteller rüsten ihre Geräte über diesen Stand der Technik hinaus sogar mit sogenannten „1 Pa-Schaltern" aus. Dabei wird die Druckdifferenz zwischen Verbrennungsraum und Aufstellraum überwacht. Sollte die Druckdifferenz dauerhaft über einem Pascal liegen, so wird eine Notabschaltung ausgelöst.

2.4 Besonderheiten der nachträglichen Integration

Eine der Besonderheiten des Bestands gegenüber dem Neubau ist die Tatsache, dass diese Gebäude bei ihrer Errichtung, wie einführend erläutert, mit Fugen- und Fensterlüftung betrieben wurden. Sie sind daher weder in Bezug auf die Geräteaufstellung noch hinsichtlich der Leitungsführung für den Einbau einer Lüftungsanlage vorbereitet. Hinzu kommen die häufig relativ geringen Raumhöhen, die nicht immer eine Kanalführung in der abgehängten Decke erlauben.

Ein weiterer Umstand kommt bei der nachträglichen Integration von Lüftungssystemen erschwerend hinzu: Die Sanierung wird häufig im bewohnten Zustand durchgeführt. Bauarbeiten im Inneren der Wohnung müssen daher mit hoher Sorgfalt und Rücksicht sowie perfekter Terminplanung erfolgen. Belastungen durch Lärm und Staub (Kernlochbohrungen und Schremmarbeiten für die Kanaldurchführungen) sollten daher so weit wie möglich reduziert werden. In diesem Buch werden daher zahlreiche Lösungen zur Vermeidung von Kanälen und Wanddurchbrüchen aufgezeigt.

Aus dem bisher Genannten würde man zunächst schließen, dass die nachträgliche Integration eher mehr Aufwand mit – gegenüber dem Neubau – höheren Kosten verursacht. In der Praxis hat sich aber mehrfach gezeigt, dass auch das Gegenteil der Fall sein kann. Auch dies liegt wieder in den Besonderheiten der Bestandsbauten begründet:

- Gebäude, die früher mit Einzelöfen betrieben und heute mit Zentralheizungen ausgestattet sind, verfügen noch über stillgelegte Kaminzüge, die praktisch alle Wohnzimmer in allen

Wohnungen einzeln erschließen. Diese lassen sich, wie in Kapitel 4 erläutert, für die Luftführung durch Einziehen von Lüftungskanälen nutzen.

- Arbeiten an der Fassade (Aufbringen eines Wärmedämmverbundsystems) ermöglichen die kostengünstige und platzsparende Lüftungskanalverlegung auf der Außenwandoberfläche unterhalb der Dämmung (siehe auch hierzu Kapitel 4).
- Analog können ohnehin geplante Dach- bzw. Kellerdeckendämmung sowie Grundriss-Neugestaltungen mittels Trockenbau für den Querverzug von Kanälen innerhalb der gedämmten Gebäudehülle genutzt werden.

Vergleicht man nun die Kosten für die Nachrüstung der Wohnungslüftung in der Sanierung mit den Gesamtinvestitionen für das Lüftungsgewerk inklusive Baunebenleistungen im Neubau, kann es somit tatsächlich zu Minderkosten kommen, weil z. B. keine separaten Investitionen für die Errichtung von Schächten etc. eingerechnet werden müssen.

Mit den in diesem Buch angeführten Tipps und Hinweisen für Planung, Errichtung und Betrieb sowie den in Kapitel 6 erläuterten innovativen Geräten, die speziell für den nachträglichen Einbau entwickelt wurden, sollte die Lüftung im Bestand daher zumindest ebenso kostengünstig wie im Neubau möglich sein. In Kapitel 10 wird näher auf das Thema Kosten und Wirtschaftlichkeit eingegangen, denn letztlich stellt dies eine zentrale Herausforderung für die weitere Verbreitung dar.

3 Lüftungssysteme für die Sanierung von Ein- und Mehrfamilienhäusern

Eine Entscheidung über die Systemwahl (zentral oder dezentral) von Anlagen kann nur gemeinsam mit den Bauherren bzw. Nutzern getroffen werden. Neben den Kosten und dem Energiebedarf sind zahlreiche weitere Kriterien abzuwägen – die Architektur des Bestandsgebäudes, etwaige Ausbaupläne sowie die künftige Nutzung spielen dabei ebenfalls eine wichtige Rolle.

„Bezüglich der Begriffsdefinitionen finden sich in der Literatur häufig widersprüchliche Definitionen, in diesem Beitrag soll unter einer *zentralen Anlage* ein Lüftungssystem verstanden werden, welches mit einem Wärmeübertrager mehrere Wohneinheiten versorgt. Unter *dezentralen Anlagen* sind hier Anlagen gemeint, welche wohnungsweise über jeweils einen Wärmeübertrager verfügen. In beiden Fällen ist eine gerichtete Durchströmung, von den Zulufträumen hin zu den Ablufträumen realisierbar. Werden dagegen einzelne Wärmeübertrager für jeden Raum eingesetzt (*raumweise Anlagen*), so wird praktisch die doppelte Zuluftmenge benötigt, weil jeder Raum mit Zu- und Abluft versorgt wird. Neben den genannten drei grundlegenden Anlagenvarianten können auch Mischformen realisiert werden, beispielsweise können kleine Geräte für z. B. einen Abluftraum und ein bzw. zwei Zulufträume eingesetzt werden. So können ggf. Kanäle eingespart werden, allerdings erhöhen sich die Investitionskosten für die Einzelgeräte und die Wartung." [Detail 2016]

3.1 Zentrale Systeme

Zentrale Anlagen werden häufig im Mietwohnungsbau aufgrund der einfacheren zentralen Wartung bevorzugt. Allerdings haben in Deutschland die gestiegenen Brandschutzanforderungen die Kosten sowohl für Investition als auch Wartung nach oben getrieben. In Österreich kann derzeit noch mit VLI bzw. VLI-VE nach ÖNORM H6027 gearbeitet werden; die Anlagen fallen dann insbesondere im Betrieb deutlich kostengünstiger aus. Weitere Ausführungen zum Thema Brandschutz finden sich in Kapitel 7.5.

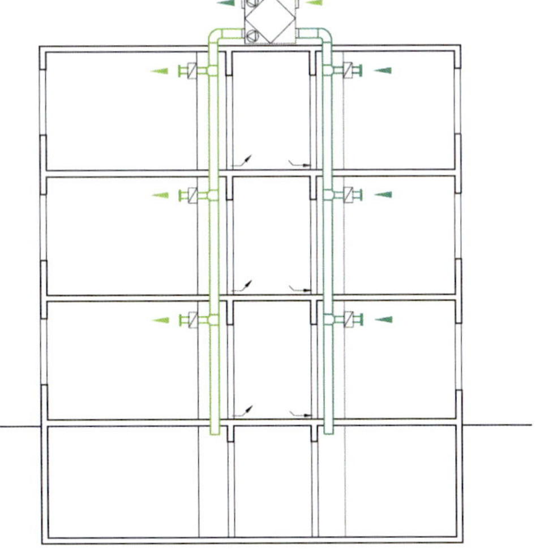

Abbildung 3.1 Schema einer zentralen Anlage mit Lüftungszentralgerät im Dachgeschoss (Quelle: [Detail 2016])

Bei Neubauten werden heute für den vertikalen Leitungsverzug eigene Schächte eingeplant. Im Fall der Bestandssanierung ist das nicht so, weil zum Zeitpunkt der Errichtung noch kein Lüftungssystem (mit Ausnahme der Schachtlüftung) vorgesehen war. Die vertikale Leitungsführung muss also wohnungsweise jeweils entsprechend der baulichen Gegebenheiten entschieden werden. Stehen beispielsweise ungenutzte Kaminzüge zur Verfügung, können diese ggf. als Schächte für Zu- und Abluftkanäle genutzt werden. In diesen Fällen sind in den Wohneinheiten nur geringe Eingriffe für das Kanalnetz erforderlich. Weitere Möglichkeiten mit ihren Vor- und Nachteilen werden in Kapitel 4 beschrieben. Anregungen finden sich auch in den in Kapitel 9 dokumentierten ausgeführten Beispielen. Tabelle 3.1 stellt weitere Vor- und Nachteile gegenüber.

Tabelle 3.1 Vor- und Nachteile zentraler Wohnungslüftung

Vorteile	Nachteile
zentrale Außen-/Fortluftführung spart Wanddurchbrüche in jeder Wohneinheit	relativ hoher Planungsaufwand (Fachplaner erforderlich), Brandschutzanforderungen sind zu berücksichtigen
in den Wohneinheiten ist kein Platzbedarf für Wärmerückgewinnungsgeräte nötig (vorteilhaft bei Sanierungen)	relativ hoher Platzbedarf für die Kanalführung (Schächte, Horizontalverteilung etc.)
Schallschutz (Ventilatoren sind außerhalb der Wohneinheiten angeordnet)	höherer Druckverlust (wird aber z. T. durch höhere Ventilatoreffizienz wieder kompensiert)
Wartung und Filterwechsel kann von der jeweiligen Firma ohne Terminabsprache mit den Bewohnern durchgeführt werden	höherer Wartungs- und Reinigungsaufwand bei größeren Anlagen
weniger Einzelkomponenten notwendig (Ventilator, Wärmetauscher, Frostschutz, Kondensatablauf etc.)	Lüftungszentrale (relativ hoher baulicher Aufwand) oder sichere Gerätezugänglichkeit (bei Dachaufstellung) nötig

Für die Planung einer zentralen Anlage stellt sich die Frage der Geräteaufstellung und des damit verbundenen Platzbedarfs gerade für die Sanierung als besonders kritisch heraus. Nähere Details, insbesondere für die Dachaufstellung, finden Sie in Kapitel 6.3.5.

3.2 Wohnungsweise Wärmerückgewinnungsgeräte

Dezentrale Systeme werden häufig im Eigentumsbereich eingesetzt, weil Filterwechsel und einfache Wartungsarbeiten von den Eigentümern selbst erledigt werden können. Diese Betriebsweise wird zunehmend auch im Mietwohnungsbau angewendet. Dabei werden die Filter vom Hausmeister in regelmäßigen Abständen ausgehändigt (Erinne-

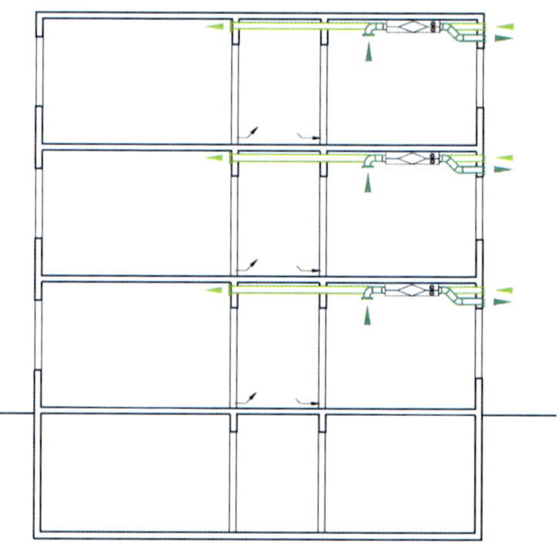

Abbildung 3.2 Schema einer dezentralen Anlage (wohnungsweise): Jede Wohneinheit ist mit Wanddurchbrüchen für Außenluft und Fortluft ausgestattet (Quelle: [Detail 2016])

rung für den Filterwechsel). Varianten mit unterschiedlichen Ausführungen und Möglichkeiten der Gebäudeintegration werden in Kapitel 6 näher erläutert.

Tab. 3.2 Vor- und Nachteile wohnungsweiser Lüftungsgeräte

Vorteile	Nachteile
individuelle Regelbarkeit (Volumenstrom (s. Kap. 6.1.4.4 und Balanceabgleich) und Wartung, kurzes Kanalnetz	Außenwanddurchbrüche in jeder Wohneinheit notwendig
kein Technikraum nötig, Aufstellung in Bad oder Küche bzw. Decken- oder Wandintegration möglich	Geräteschallabgabe der dezentralen Geräte im Aufstellraum
keine Geruchsübertragung zu Nachbarwohnungen durch Leckagen möglich	Platzbedarf für die Einzelgeräte
geringer Planungsaufwand, standardisierte Lösungen, Vorfertigung möglich	Filter, Frostschutz und Kondensatablauf an jedem Einzelgerät

3.3 Raumweise Wärmerückgewinnungssysteme

Wird in jedem Raum ein Gerät mit Wärmerückgewinnung installiert, können Zu- und Abluftkanäle vollständig entfallen. Allerdings wird dann jeder Raum mit Zu- und Abluft versorgt. Damit ist keine Mehrfachnutzung der Luft (Kaskadenlüftung) möglich; letztlich muss praktisch

Abbildung 3.3 Schema einer Einzelraumlösung (jeweils ein Gerät pro Raum); links mit Rekuperator (Gegenstrom-Wärmeübertrager) (Quelle: [Detail 2016]), rechts mit Regenerator (Push-Pull- bzw. Pendellüfter) (Quelle: Lunos Lüftungstechnik GmbH für Raumluftsysteme)

die doppelte Luftmenge gefördert werden. Darüber hinaus sind Außenwanddurchbrüche in jedem Raum notwendig. Probleme mit Luftschallschutz und Geräteschall sind nicht ausgeschlossen. Gegenüber reinen Abluftanlagen stellen solche Geräte durch ihre Wärmerückgewinnung und damit vorerwärmte Zuluft zwar bereits eine Verbesserung dar, hinsichtlich Komfort und Energieeffizienz sind sie gegenüber zentralen oder raumweisen Anlagen allerdings deutlichen Einschränkungen unterworfen.

Für die Sanierung erscheinen solche Systeme zunächst besonders vorteilhaft, weil sie praktisch kein Kanalnetz benötigen, das aus Platzgründen nachträglich häufig schwer zu integrieren ist. Daher sind in den letzten Jahren Einzelraumgeräte häufig verbaut worden. Gerade die regenerierenden Geräte (Push-Pull-Lüfter) haben inzwischen weite Verbreitung gefunden. Sie weisen jedoch die oben genannten Nachteile auf und schwächen den Schallschutz sowie das architektonische Gesamtbild der Außenwand. Auch ökonomisch fallen diese Lösungen aufgrund der hohen Anzahl an Einzelgeräten und dem damit verbundenen hohen Wartungsaufwand nicht so günstig aus, wie zunächst vermutet. Hinzu kommt, dass in Bezug auf eine Gesamt-Lüftungslösung auch die Ablufträume wie Küche, Bad und WC in das Konzept einbezogen werden müssen.

Die Vielzahl an Einzelgeräten mit dem damit verbundenen Aufwand für die Wanddurchführungen spricht ebenfalls gegen den Einsatz in der Sanierung. Eine Kompromisslösung stellen kleine Geräte mit der Möglichkeit der Erschließung von Nachbarräumen dar (Mehrraumsysteme). Damit ist der Aufwand für die Kanalführung immer noch relativ gering. Für eine Wohnung reichen dabei zwei bzw. maximal drei Geräte aus. Je nach Verschaltung und Grundrisstypologie können damit auch Überstrombereiche mit in das Lüftungskonzept einbezogen werden. Weitere Details zur Luftführung finden Sie in Kapitel 4.

4 Luftführungskonzepte und Lösungen für die Bestandsmodernisierung

4.1 Zonierung des Grundrisses

Die Grundlage der gesamten Lüftungsplanung bildet die sogenannte Zonierung, also die Einteilung des gesamten Wohnungsgrundrisses des Gebäudes. Im Gegensatz zur Neubauplanung verbleibt bei der Sanierung nur relativ wenig Spielraum für die Grundrissgestaltung, denn sie ist zumindest durch die tragenden Wände weitgehend vorgegeben. Umnutzung und Grundrissanpassungen sind normalerweise mit erheblichem baulichem Aufwand verbunden. In den meisten Fällen werden die Bestandsgrundrisse weitgehend beibehalten. Die Hauptaufgabe bei der Zonierung besteht daher in der Vorplanung darin, sich zunächst Gedanken über die künftige Nutzung der Räume zu machen. Lüftungstechnisch haben Wohn- und Aufenthaltsräume unterschiedliche Anforderungen wie schad-, geruchs- oder feuchtebelastete Funktionsräume. Schlaf- und Aufenthaltsräume werden entweder als Zuluft- oder als Überströmzone eingeordnet. Dagegen werden alle geruchs- und feuchtebelasteten Räume als Abluftzone gekennzeichnet. Darunter fallen also Bad, Küche, WC, Raucherräume, Hobbyräume, in denen mit Klebstoffen etc. gearbeitet wird, sowie alle anderen Räume mit Feuchte- bzw. Schadstoffbelastungen.

Grundsätzlich gilt, dass alle Räume, auch untergeordnete Räume wie Abstellräume oder Verkehrswege, in das Lüftungskonzept einbezogen werden müssen. Mithilfe einer farblichen Kennzeichnung werden alle Flächen entweder als Zuluft-, Abluft- oder Überströmzone gekennzeichnet. Bereits bei der Planung der Grundrisse bzw. deren künftiger Nutzung sollte nach Möglichkeit darauf geachtet werden, Ablufträume, also Küche, Bad, Raucherraum, Werkraum und WC, möglichst angrenzend zu gruppieren. Dadurch ermöglicht man kurze Leitungswege und vermeidet Kanalkreuzungen zwischen Zuluft- und Abluftkanalnetz. Leider hat man bei der nachträglichen Integration der Lüftung im Bestand nur noch relativ wenig Einfluss. Im Zuge von Umnutzung oder Grundrissneugestaltung sollte man diese Chance jedoch so weit wie möglich nutzen, weil dadurch kompaktere Kanalnetze mit höherer Effizienz und geringeren Kosten möglich sind.

Ob nun ein Raum als Zuluftraum oder als Überströmzone betrachtet wird, hängt von der Auswahl eines der nachfolgend beschriebenen Lüftungskonzepte (Kaskadenlüftung, aktive Überströmung etc.) ab. Ein Zuluftraum wird jeweils mit einem eigenen Zuluft-Durchlass versorgt. Dagegen hat eine Überströmzone lediglich Überström-Durchlässe, durch welche die Luft von Zulufträumen zu- bzw. in Ablufträume abströmt. Eine Ausnahme, die nach Möglichkeit vermieden werden sollte, bilden die nachfolgend beschriebenen Räume mit Zu- und Abluft-Durchlass im selben Raum.

4.2 Zu- und Abluft pro Raum

Prinzipiell könnte die Zuluft vom Wärmerückgewinnungsgerät in beliebig viele Teilströme verzweigt und mittels Kanälen zu allen Räumen geführt werden. Ebenso könnte man jeden Raum auch direkt an das Abluftkanalnetz anschließen. Dieses Lüftungskonzept wurde in der Vergangenheit häufig für Nichtwohngebäude eingesetzt und würde zwar theoretisch auch für Wohngebäude funktionieren, hätte aber zwei gravierende Nachteile: Abgesehen von den hohen Investitionskosten und dem Platzbedarf für das aufwändige Kanalnetz wären auch die Betriebs- und die Wartungskosten (Reinigung der Kanäle) hoch. Der hierfür erforderliche Volumenstrom würde bei nahezu gleicher Raumluftqualität etwa doppelt so hoch ausfallen wie bei der nachfolgend beschriebenen Kaskadenlüftung. Dadurch würden sich gerade in Klimazonen mit ausgeprägter Heizperiode häufig zu geringe Raumluftfeuchten einstellen. Aufgrund der erwähnten starken Nachteile soll auf diese Variante nicht näher eingegangen werden. Diese prinzipiellen Nachteile weisen auch die sogenannten „Pendellüfter" (Push-Pull-Lüfter) auf, welche nach dem Regenerator-Prinzip arbeiten. Je zwei Geräte mit eingebauten Wabenkörpern als Speichermasse werden im Wechsel von innen nach außen bzw. umgekehrt durchströmt. Damit stellt sich nicht, wie in der anschließend beschriebenen Kaskadenlüftung, eine gerichtete Durchströmung ein. Dadurch können Gerüche zwischen zwei Räumen ausgetauscht werden.

Nachfolgende Optionen sind dagegen wesentlich besser für die Wohnungslüftung geeignet und sollen daher im Detail erläutert werden.

4.3 Klassische Kaskadenlüftung

Das Prinzip der Kaskadenlüftung hat sich als Standardsystem für die Luftverteilung innerhalb der Wohnungen etabliert. Dabei wird die Zuluft in die Schlafräume bzw. im Wohnzimmer über ein Kanalnetz und die jeweiligen Zuluftauslässe eingebracht. Die Luft strömt über den Flur und wird in den Funktionsräumen (Ablufträume, z. B. Küche, Bad und WC) abgeführt, siehe Abbildung 4.1 links. Für die Luftführung von den Zulufträumen über die Flure in die Ablufträume müssen Überströmöffnungen zwischen den Räumen (z. B. mindestens 10 mm hohe Türspalte oder Überströmöffnungen im Türblatt oder in der Türzarge) vorgesehen werden.

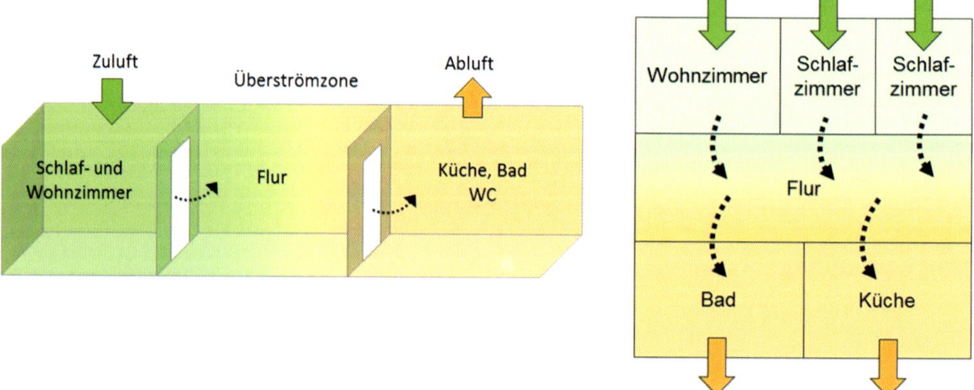

Abbildung 4.1 Klassische Kaskadenlüftung mit Überströmung von den Schlaf- und Wohnräumen hin zu den Funktionsräumen (Quelle: Sibille, E.)

4.4 Erweiterte Kaskadenlüftung

Bei vielen Grundrissformen ist es sogar möglich, auf den Zuluftauslass im Wohnzimmer zu verzichten, wenn die Zuluft aus den Schlafzimmern durch das Wohnzimmer überströmen kann. Diese sogenannte „erweiterte Kaskadenlüftung“ ermöglicht einerseits eine Vereinfachung des Kanalnetzes (Reduzierung der Investitionskosten um ca. 8 %) und andererseits werden aufgrund des geringeren Gesamtvolumenstroms der Energiebedarf für die Ventilatoren und damit die Betriebskosten um ca. 15 % gesenkt. Diese Einsparpotenziale wurden im Forschungsprojekt „Doppelnutzen“ ([Sibille 2013a], gefördert durch die Österreichische Forschungsförderung FFG) zunächst theoretisch ermittelt und sind inzwischen in zahlreichen Projekten in der Praxis bestätigt.

Mithilfe eines Online-Tools (siehe [Sibille 2015]), das auf der Plattform https://phi-ibk.at/luftfuehrung abrufbar ist, können Architekten und Planer in wenigen Schritten feststellen, ob ein vorhandener Grundriss für erweiterte Kaskadenlüftung geeignet ist, wie z. B. moderne Grundrisse mit offenem Wohnzimmer. Da man in der Altbaumodernisierung nur bedingt Einfluss auf die Grundrissgestaltung nehmen kann, muss alternativ auf die klassische Kaskade ausgewichen werden, wenn aufgrund der Grundrissgegebenheiten eine erweiterte Kaskade nicht möglich ist. Das Gleiche gilt, wenn der Grundriss eine Kurzschlussströmung zulässt. Auch diese Spezialfälle werden auf der Online-Plattform erläutert.

4.5 Aktive Überströmer

Eine Alternative zur Kaskadenlüftung stellt das Prinzip von „aktiven Überströmern“ dar. Dabei wird die gesamte Zuluft lediglich im Wohnzimmer oder im Flur eingebracht. Dieser Bereich fungiert praktisch als „Frischluftreservoir“ und Verteilzone. Von dort wird die Luft mittels aktiven Überströmern in die Wohnräume gefördert. Die Rückströmung erfolgt dann ebenfalls wieder in die Verteilzone; es handelt sich dort also um Mischluft. Das Abluftnetz bleibt unverändert.

In der Prinzipzeichnung in Abbildung 4.2 fördern die aktiven Überströmer (Ventilatoren mit Schallschutz) von der Verteilzone in die Schlaf- bzw. Wohnräume. Die Rückströmung erfolgt passiv über schallgeschützte Überströmer. Nachteilig wirkt sich dabei aus, dass dadurch in den Aufenthaltsräumen (je nach Druckabfall im passiven Überströmer) ein leichter Überdruck erzeugt wird. Um Bauschäden zu vermeiden (warme feuchte Luft wird in Leckagen von Außenwandbauteilen gedrückt und kann dort auskondensieren), sind die passiven Überströmer so zu konstruieren, dass sie nur einen Druckabfall von max. 1 bis 2 Pa verursachen. Das ist aus Effizienzgründen auch dann sinnvoll, wenn der aktive Überströmer saugend angeordnet wird (also die verbrauchte Luft aus den Aufenthaltsräumen entnimmt und aktiv in die Luftverteilzone zurückfördert) und der passive Überströmer durch den Unterdruck im Raum Luft nachströmen lässt. Dieses Verfahren ist in jedem Fall bauphysikalisch unproblematischer.

Eine weitere Variante, welche die Deckenabhängung für die Rückströmung nutzt, ist hinsichtlich der Lüftungseffizienz besser, weil dann die Zuluftverteilzone nicht als Mischluft fungiert, siehe Abbildung 4.3. In diesem Fall fördern die aktiven Überströmer die verbrauchte Luft aus den Aufenthaltsräumen in den Hohlraum der Abhangdecke, diese ist mit dem Abluftkanalnetz

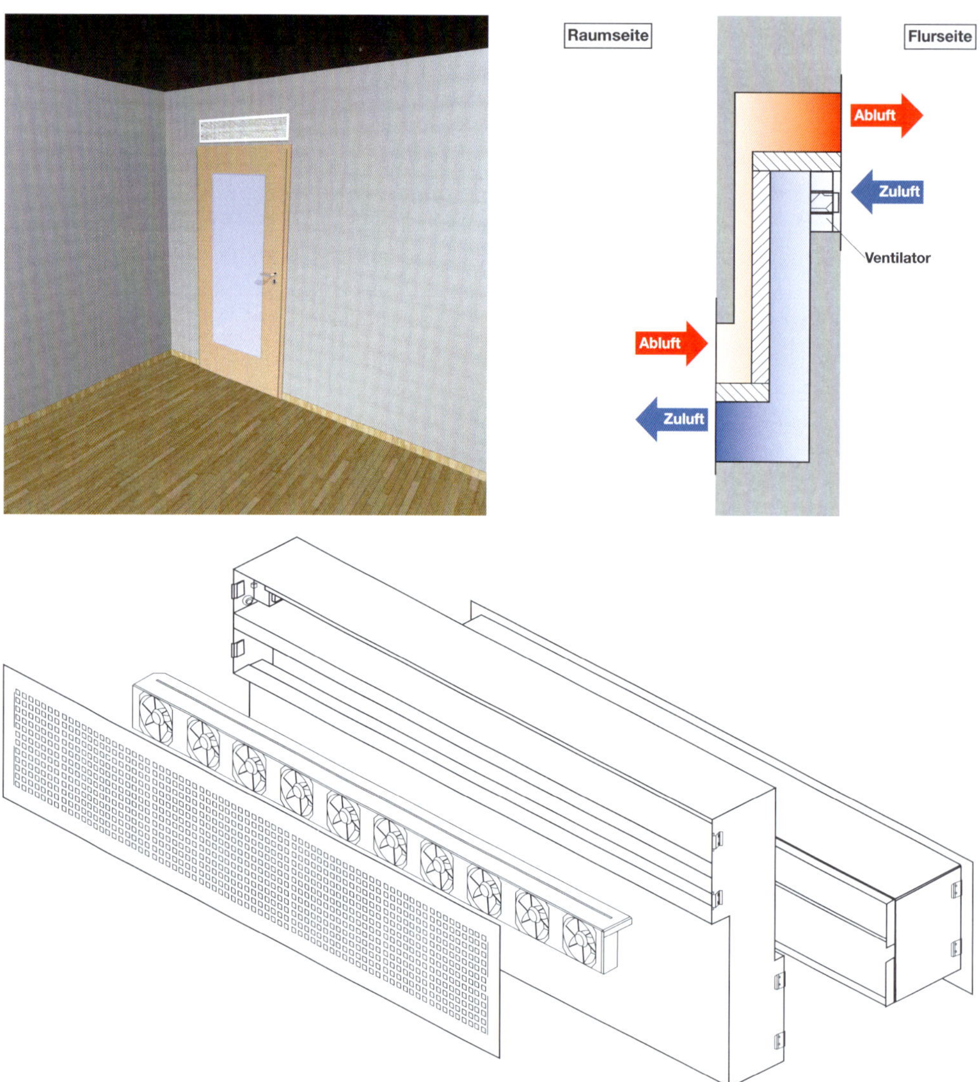

Abbildung 4.2 Aktive Überströmer zur Luftverteilung in angebundene Zulufträume von einer zentralen Frischluftverteilzone (Quelle: Krantz GmbH)

verbunden. Als kritisch ist bei dieser Methode lediglich die Staubablagerung in der Abhangdecke zu sehen, die über Revisionsöffnungen zugänglich sein muss. Gegenüber einer klassischen Zuluftverteilung in der Abhangdecke kann bei dieser Variante allerdings nur das Zuluftkanalnetz sowie etwas Deckenhöhe eingespart werden. Ökonomisch und hinsichtlich der Wartung bietet sie jedoch kaum Vorteile.

Der eigentliche Grund für den Einsatz von aktiven Überströmern, nämlich auf eine Deckenabhängung komplett verzichten zu können, wird bei dieser Lösung jedoch konterkariert. Wenn es also im Altbau mit geringen Deckenhöhen wirklich um jeden Zentimeter lichter Raumhöhe geht, ist die Variante mit aktiven Überströmern im Betrieb als Mischlüftung unschlagbar. An-

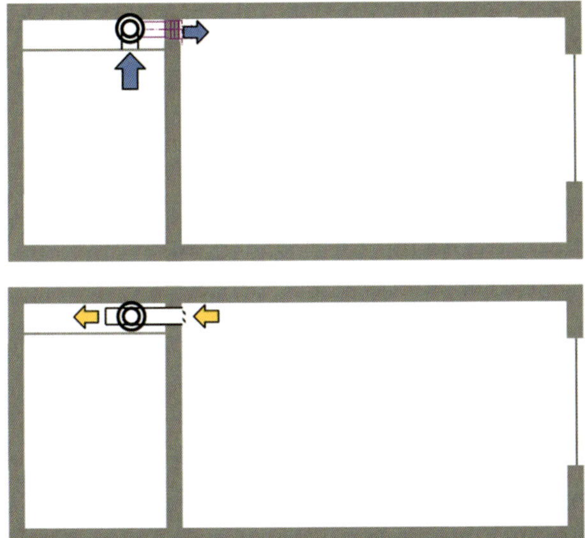

Abbildung 4.3 Variante mit aktiven Überströmern, die Luft in die Abhangdecke rückführen (Quelle: Rojas-Kopeinig, G.)

sonsten muss mit Flachkanälen und Flachschalldämpfern gearbeitet werden. Problematisch sind dabei jedoch Druckverlust und Reinigbarkeit. Die im nachfolgenden Kapitel beschriebene Lösung ist noch Gegenstand der Forschung und Entwicklung, könnte in Zukunft aber eine gute Lösung für die Nachrüstung in Altbauten mit geringer lichter Raumhöhe darstellen.

4.6 Zuluftverteilung mit laminarer Strömung

Eine neue Art der Zuluftverteilung wurde an der Universität Innsbruck im Rahmen einer Masterarbeit entwickelt und im Labor getestet. Wie bereits erwähnt, soll mit dieser Lösung eine Luftverteilung mit möglichst geringer Aufbauhöhe realisiert werden. Im Folgenden werden das Grundprinzip der Idee sowie erste Messergebnisse des Versuchsaufbaus beschrieben.

Verwendet man Flachkanäle, so nimmt der Druckabfall aufgrund des wachsenden hydraulischen Durchmessers zu. Dies kann zwar mit Erhöhung der Querschnittsfläche und damit einer Absenkung der Luftgeschwindigkeit wieder kompensiert werden. Insgesamt kommt man mit diesem Ansatz jedoch an seine Grenzen, wenn man die Strömung im turbulenten Bereich belässt. Gelingt es jedoch, die Strömung stabil im laminaren Bereich ($Re < 2600$) zu halten, so sinkt der Druckabfall deutlich ab. Auf diese Weise kann eine Zuluftverteilung mit extrem geringer Querschnittshöhe (2,5 cm) für die Luftverteilung an der Decke im Flur realisiert werden. Werden die Deckflächen der Kanäle noch mit Akustikschaum ausgeführt, so fungiert der Flachkanal gleichzeitig als Schalldämpfer.

Abbildung 4.4 zeigt eine Ausführung in Trapezform, die oben und unten mit je einem Zentimeter Absorberschaum mit Folienkaschierung abgedeckt wird. Dies wirkt zugleich als Schalldämpfer sowohl für Geräte- als auch Telefonieschall. Die Untersicht kann dann z. B. wieder mit Gipskartonplatten verkleidet werden.

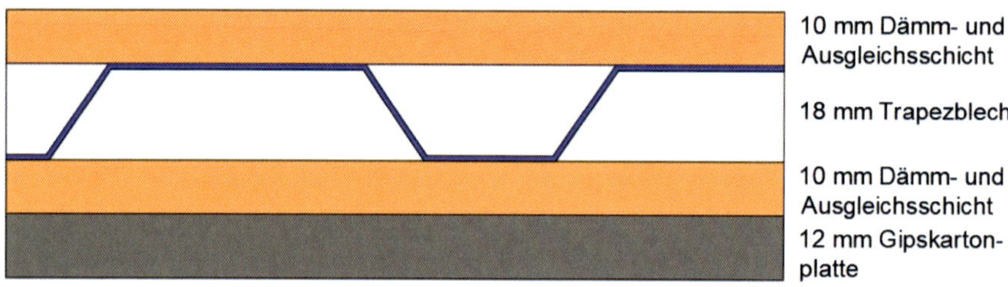

Abbildung 4.4 Zuluftverteilung aus Flachkanälen, Ausführung mit Trapezplatte, Akustikschaum-Abdeckung und Gipskartonplatte (Quelle: Gruber, L.)

Wird das System wieder in seine einzelnen Lagen aufgeteilt, kann es leicht gereinigt werden, weil alle Kanäle jeweils von einer Seite offen zugänglich sind. Will man das System reinigen, ohne es zu demontieren, müssten mit Pressluft und Absaugschlauch jeweils alle Kanäle einzeln gereinigt werden.

Die Zuluft wird dafür in eine Verteilbox eingebracht. Bis hier kann z. B. mit Rundkanal gearbeitet werden. Von da aus wird die Luft in den flachen Kanälen entlang der Flurdecke geführt und zweigt dann jeweils in die Wohn- und Schlafräume ab. Im einfachsten Fall wird dies mit 45° auf Gehrung geschnittenen Anschlussstücken realisiert. Hinsichtlich des Druckabfalls ist dies, wie in [Boch 2018] bereits messtechnisch gezeigt wurde, kein Problem. Abbildung 4.5 zeigt den Grundriss einer Wohneinheit und eine exemplarische Realisierungsvariante der Zuluftverteilung mit diesem System.

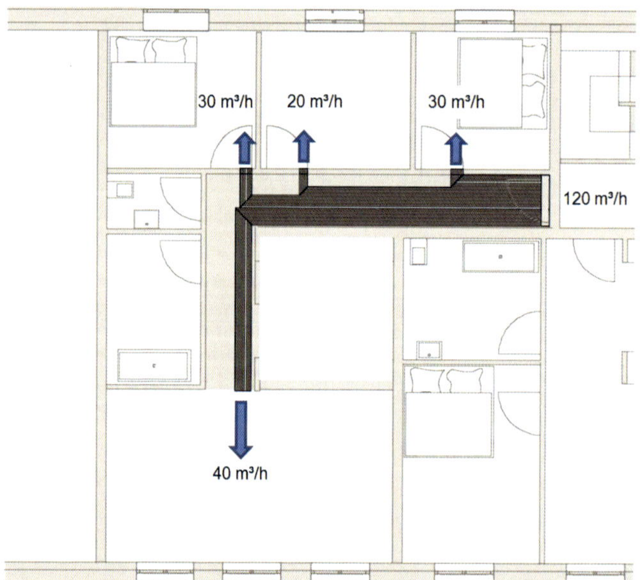

Abbildung 4.5 Grundriss einer Wohneinheit mit 100 m² und exemplarischer Zuluftverteilung nach dem Laminar-Flow-Prinzip

Im Neubau kann bei der Schalung der Wände einfach ein Dämmstreifen zur Freihaltung des Schlitzdurchlasses für die Zuluftkanalführung über der Tür eingelegt werden. Im Altbau ist dies nicht so leicht möglich, denn hier müsste der Durchbruch nachträglich geschaffen werden, sofern dies aus statischen Gründen überhaupt zulässig ist. Alternativ könnte hier der Kanal, wie in Abbildung 4.6 dargestellt, von der Decke nach unten zur Zarge geführt werden. Die Überströmung der Zuluft in den Raum würde dann in einem Spalt zwischen Türzarge und Türsturz geführt werden.

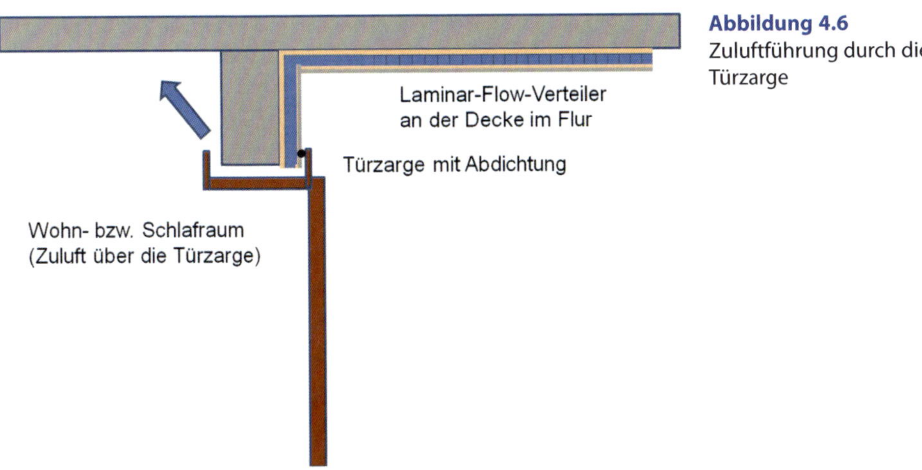

Abbildung 4.6
Zuluftführung durch die Türzarge

Diese Art der Zuluftführung bietet sicher zahlreiche Vorteile für die Sanierung, ist allerdings wie gesagt noch Gegenstand der Forschung. Bislang liegen noch keine Praxiserfahrungen aus ausgeführten Anlagen vor.

4.7 Checkliste für die Zonierung und die Auswahl von Luftführungskonzepten

- Zonierung der Grundrisse nach Zuluftzonen, Abluftzonen und Überströmzonen
- Überprüfung aller Grundrisse: Sind alle Räume in das Lüftungskonzept einbezogen?
- Kanallängeneinsparung und Reduzierung der Deckenabhängung bzw. Abkofferung durch Weitwurfdüsen prüfen.
- Möglichkeit zur Kaskadenlüftung bzw. erweiterten Kaskadenlüftung prüfen (Tool zur Entscheidungshilfe: https://phi-ibk.at/luftfuehrung/)
- Bei extrem geringen lichten Raumhöhen: Möglichkeit zur aktiven Überströmung oder zum „laminar-flow“-Prinzip prüfen

5 Planungsgrundlagen und Projektablauf im Rahmen der Total- bzw. Stufensanierung

5.1 Der richtige Zeitpunkt für den Einbau der Lüftungsanlage

Wann bietet es sich nun an, eine Lüftungsanlage in ein bestehendes Gebäude zu integrieren? Aus bauphysikalischer Sicht ist spätestens mit dem Einbau fugendichter Fenster der Zeitpunkt gekommen, denn die Fugenlüftung reicht dann nicht mehr aus, um Bauschäden sicher zu vermeiden.

Aus Sicht der Terminkoordination mit anderen Bauabläufen im Rahmen einer Sanierung kommen Zeitpunkte in Frage, die ohnehin Arbeiten im Inneren der Wohnung erforderlich machen. Innenausbau von Badezimmern oder Grundrissänderungen etc. sind eine gute Gelegenheit, auch gleich die Komfortlüftung nachzurüsten. Häufig sind die Bewohner in diesem Zeitraum ohnehin nicht in der Wohnung.

Im Rahmen der Stufensanierung kommt es aber auch häufig vor, dass Lüftungsanlagen in Wohneinheiten „im bewohnten Zustand" nachgerüstet werden müssen. Dann ist die perfekte Einhaltung der Zeit- und Terminpläne von höchster Bedeutung, um die Bewohner nicht übermäßig zu beeinträchtigen.

5.2 Koordination der Lüftungsanlagenintegration mit anderen Gewerken

Um einen möglichst reibungslosen Bauablauf in Zusammenarbeit mit den anderen Gewerken der Modernisierungsarbeiten zu gewährleisten, ist der Bauablaufplan mit allen Beteiligten abzustimmen (Stichwort integrale Planung). Folgende Gewerke sind direkt oder indirekt betroffen bzw. beteiligt:

- *Erdarbeiten/Aushub* (falls Erdkanäle für Außenluftansaugung vorgesehen sind)
- *Rohbau* (Wanddurchbrüche, Kernlochbohrungen etc.)
- *Stuckateur* (Wärmedämmverbundsystem, Außenwandurchführungen von Lüftungskanälen, Verlegung von Lüftungskanälen in der Dämmebene, siehe Kapitel 7.4.1.5)
- *Trockenbau, Innenausbau* (Verkleidungen, Abkofferungen, Deckenabhängungen für Lüftungskanäle und Anlagen)
- *Fußboden-/Estrichleger* (falls Lüftungskanäle oder Luftauslässe im Fußbodenaufbau integriert werden sollen)
- *Fensterbauer* (falls fensterintegrierte Durchführungen etc.)
- *Dacheindeckung* (falls Außen-/Fortlufthauben über Dach geführt werden sollen)
- *Heizung/Kühlung/Warmwasser* (falls über die Zuluft geheizt/gekühlt und/oder die Luft als Wärmequelle/-senke für eine Wärmepumpe für Heizung und/oder Warmwasser genutzt werden soll bzw. Sicherheitsaspekte beim gleichzeitigen Betrieb von Lüftungsanlagen und Feuerstätten)

Letztere gebäudetechnische Gewerkeüberschneidung bezieht sich in der Altbaumodernisierung häufiger auf den gleichzeitigen Betrieb von Lüftungsanlagen und Feuerstätten. Auf diese wird in Kapitel 2.3 näher eingegangen. Die Heizung über die Zuluft ist im Altbau aufgrund der häufig über dem Passivhaus-Grenzwert von 10 W/m^2 angesiedelten Heizlast in den meisten Fällen nur dann möglich, wenn Umluft beigemischt wird, weil sonst der Wärmekapazitätsstrom der rein aus hygienischen Gründen zugeführten Zuluftmenge nicht ausreicht, um die Solltemperatur im Kernwinter zu halten. Die Erwärmung der Zuluft ist auf 52 °C begrenzt, weil sonst die Staubverschwelung und damit Geruchsbelastung auftritt. Ein Beispiel einer Sanierung mit vorgefertigten Fassaden und einer darin integrierten kombinierten Lüftung und Heizung mittels Mikrowärmepumpe wird in Kapitel 9.5 erläutert. Der Einsatz von sogenannten Kompaktgeräten, also von kombinierten Geräten für Heizung, Lüftung und Warmwasserbereitung mit einer Wärmepumpe, die als Wärmequelle die Fortluft nutzen, ist in der Altbaumodernisierung aufgrund des geringen Platzangebots sowie der gegenüber dem Passivhaus-Neubaustandard häufig höher ausfallenden Heizlast bislang selten.

Die wichtigste Überschneidung der Gewerke besteht zwischen dem Lüftungsbauer und dem Trockenbau, weil die Maße der lüftungstechnischen Einbauten unmittelbar für die Planung der Trockenbauarbeiten bestimmend sind. Im optimalen Fall liegt die gesamte Planung und Ausführung für Lüftung und Trockenbau in einer Hand.

Auch die übrigen Gewerke müssen zumindest im Hinblick auf die Durchführungen mit dem Lüftungsgewerk technisch (luftdichte und winddichte Anbindung) und zeitlich abgestimmt werden.

5.3 Bestandsaufnahme

Altbauten verfügen, wenn überhaupt, häufig nur über mangelhafte Bestandspläne bzw. wurden gegenüber der ursprünglichen Bauausführung geändert oder umgebaut. Häufig stimmen daher die Maße nicht mehr mit den ursprünglichen Plänen überein. Daher müssen alle wichtigen Maßnahmen für die Lüftung und den Trockenbau vor der Bauausführung neu aufgenommen werden. Dies erfordert eine Begehung mit genauer Dokumentation jeder Wohneinheit, denn auch wenn die Einheiten baulich gleich ausgeführt sind, können Einbaumöbel etc. die Leitungsführung verhindern.

Sollen z. B. stillgelegte Kaminzüge als Schächte verwendet werden, sind auch diese genau zu vermessen und müssen auf ihre Genauigkeit bezüglich der Flucht überprüft werden. Häufig sind die Kaminzüge nicht unmittelbar zum Einführen von geraden Kanalstücken geeignet, weil sie Versatz und Oberflächenwelligkeiten aufweisen. Wie in diesen Fällen zu verfahren ist, wird in Kapitel 7.4.1.3 näher erläutert.

Im Rahmen der Begehung können auch die Nutzer über die bevorstehenden Arbeiten aufgeklärt und entsprechende Termine vereinbart werden.

6 Lüftungsgeräte für den nachträglichen Einbau – Bauart, Auswahl und Dimensionierung

In den letzten Jahren sind zahlreiche neue und hocheffiziente Geräte auf den Markt gekommen. Inzwischen sind für fast alle Anwendungen in Neubau und Sanierung passende Geräte verfügbar. Auf www.passiv.de findet sich eine breite Palette an qualitätsgeprüften zertifizierten Geräten. Dabei erleichtert die Sortierung nach dem Volumenstrombereich die Auswahl für das jeweilige Bauvorhaben. Nachfolgend werden die Qualitätskriterien erläutert, auf die geachtet werden sollte.

6.1 Dimensionierungs- und Qualitätskriterien

Damit der Heizwärmebedarf des Gebäudes im späteren Betrieb nicht wesentlich von den berechneten Werten abweicht, ist es wichtig, dass die Energiekenndaten der einzelnen Komponenten auch entsprechend realer, praktischer Bedingungen ermittelt werden. Für Lüftungsanlagen mit Wärmerückgewinnung sind die wesentlichen Energiekenndaten der *Wärmebereitstellungsgrad* und die *elektrische Leistungsaufnahme.*

Bezüglich des Komforts ist der *Schallschutz* (Geräteschall und Kanalschall) am wichtigsten. Darüber hinaus verhindert eine gute *Luftdichtheit* des Geräts mögliche Geruchsübertragung und verbessert darüber hinaus auch die Effizienz.

6.1.1 Volumenstrombereich

Nach der Durchführung der ersten Planungsschritte zur Dimensionierung der Anlage (siehe hierzu Kapitel 1.3) kennen Sie den für die Belüftung Ihres Bestandsgebäudes notwendigen Volumenstrombereich der geplanten Anlage. Bei der Geräteauswahl ist es wichtig, ein Gerät zu finden, das auch wirklich den gesamten Volumenstrombereich abdeckt. Damit ist nicht nur die Leistungsfähigkeit für das Erreichen der hohen Luftmengen gemeint; die Ventilatoren des Geräts müssen es auch erlauben, den Volumenstrom auf die geringen Luftmengen reduzieren zu können. Wie bereits in Kapitel 1.3.1 erläutert, können zu hohe Luftmengen im Kernwinter zu trockener Raumluft führen. Lässt sich die Anlage aber nicht auf die gewünschten kleinen Luftmengen drosseln, ist das Gerät für Ihren Einsatzzweck nicht geeignet. Bei einer Komfortlüftung im Wohnungsbau geht man von einem kontinuierlichen Betrieb der Anlage aus. Eine Taktung, wie dies bei überdimensionierten Wärmeerzeugern praktiziert wird, ist bei der Wohnungslüftung nicht zielführend (Komfort, Schall, Raumluftqualität etc.). In der Komponentendatenbank auf www.passiv.de wird zu jedem Gerät auch der auf dem Prüfstand ermittelte Einsatzbereich angegeben, um sicherzugehen, dass sowohl die geringen als auch die hohen Volumenströme erreicht werden.

Für viele Geräte ist es problemlos möglich, auch hohe Volumenströme zu fördern, allerdings steigen dann auch die Schallleistungspegel an. Für den Komfort in Wohn- und Schlafräumen muss jedoch der Schallschutz eingehalten werden. Dieser wird von zertifizierten Geräten im gesamten Einsatzbereich eingehalten.

6.1.2 Wärmebereitstellungsgrad

Bei der Ermittlung des Wärmebereitstellungsgrades ist es wichtig, dass das gesamte Gerät (nicht nur der Wärmeübertrager) messtechnisch untersucht wird. Der Wärmebereitstellungsgrad wird entsprechend der Energiebilanz des Gebäudes fortluftseitig gemäß folgender Gleichung ermittelt und nach PHI-Reglement am Prüfstand messtechnisch bestimmt:

$$\eta_{\mathrm{WRG}} = \frac{\vartheta_{\mathrm{ETA}} - \vartheta_{\mathrm{EHA}} + \frac{P_{\mathrm{el}}}{\dot{m} c_{\mathrm{p}}}}{\vartheta_{\mathrm{ETA}} - \vartheta_{\mathrm{ODA}}}$$

mit

ϑ_{ETA} = Abluft

ϑ_{EHA} = Fortluft

ϑ_{ODA} = Außenluft

P_{el} = elektrische Leistungsaufnahme

c_{p} = Wärmekapazität

$\dot{m}$ = Massenstrom

Nach dieser Berechnung sind Wärmeverluste und Leckagen über das Gerätegehäuse bereits berücksichtigt. Damit sich die Investition in eine Wärmerückgewinnungsanlage auch lohnt, werden Wärmebereitstellungsgrade von mehr als 75 % (Empfehlung > 80 %) gefordert (siehe hierzu auch die Wirtschaftlichkeitsberechnung in Kapitel 10). Außerdem wirken sich hohe

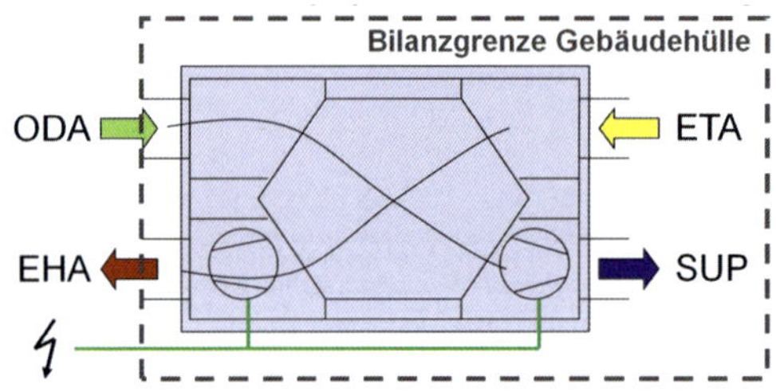

Abbildung 6.1 Bilanzgrenze für die korrekte Energiebilanz eines Lüftungsgeräts bei Aufstellung innerhalb der wärmegedämmten Gebäudehülle (Quelle: Passivhaus Institut GmbH)

Verluste durch die Wohnungslüftung

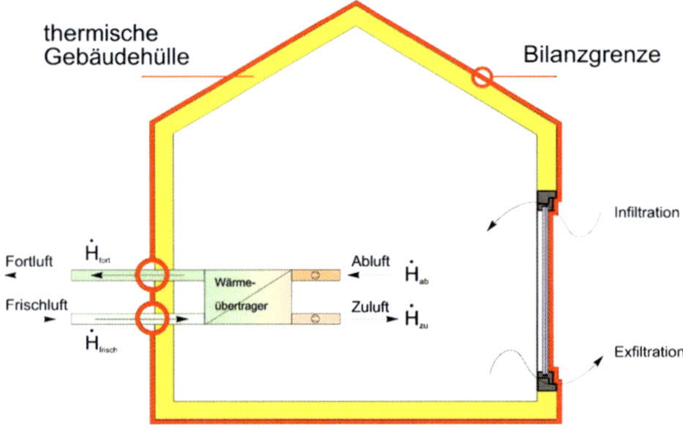

Enthalpiebilanz: $\dot{H}_{sys} = \dot{H}_{fort} - \dot{H}_{frisch}$

Wärmebereitstellungsgrade auch auf den Komfort durch hohe Zulufttemperaturen (Zugfreiheit) aus.

Leider ist nach europäischer und nationaler Normung die zuluftseitige Bilanzierung zulässig. Diese ermöglicht *nicht* die Bestimmung der tatsächlichen Effizienz des Geräts im eingebauten Zustand, wie sie für die Energiebilanz des Gebäudes erforderlich ist. Dabei können beachtliche Abweichungen von zwölf Prozentpunkten und mehr auftreten. Daher ist im Sinne der Planungssicherheit auf jeden Fall auf die korrekte Außen-/Fortluft-seitige Bewertung der Geräte zu achten. Dabei gehen nach der o. g. Gleichung für η_{WRG} neben der Bilanz der Luftströme auch die Summe der elektrischen Leistungen für beide Ventilatoren sowie die Regelung in die Berechnung des Wärmebereitstellungsgrades ein. Die Anforderungen an die elektrische Effizienz werden im folgenden Kapitel näher erläutert.

6.1.3 Elektrische Effizienz, Standby und Frostschutz

Elektrisch kommutierte Gleichstromventilatoren haben sich im Wohnungslüftungsbereich bereits zum Standard entwickelt und bieten auch Vorteile in der Regelbarkeit bis hin zur Möglichkeit der Konstantvolumenstromregelungen (siehe Kapitel 6.1.4).

Mit diesen Ventilatoren ist heute schon im Kleingeräte-Bereich eine spezifische elektrische Leistungsaufnahme deutlich unter 0,45 Wh/m³ (Annahme für die externe Pressung, also den Druckabfall außerhalb des Geräts von 100 Pa) möglich. In der Komponentendatenbank auf www.passiv.de sind diese Kennwerte ebenfalls aufgeführt.

Wärmerückgewinnungsgeräte setzen elektrischen Strom für die Ventilatoren ein und gewinnen Wärme mittels Wärmerückgewinnung aus der Abluft zurück. Welche Geräte arbeiten dabei am effizientesten? Um diese Frage zu beantworten, wurde die sogenannte *Effizienzkennzahl* [Effizienzkennzahl 2016] eingeführt. Sie gibt an, um welchen Anteil der lüftungsbedingte Energiebedarf durch Verwendung eines Lüftungsgeräts mit Wärmerückgewinnung reduziert werden kann (zertifizierte Geräte liegen etwa im Bereich von 0,5 bis 0,8). Sie berücksichtigt den Endenergiebedarf zur Deckung der Lüftungswärmeverluste und die erforderlichen Hilfsenergien des Lüftungsgeräts und der Frostschutzstrategie. Die Kennzahl wird jeweils mit einem für die betreffende Klimazone repräsentativen Datensatz ermittelt.

Ein ähnlicher Versuch der gesamtheitlichen Bewertung aus Stromeffizienz und Wärmerückgewinnung wurde im Rahmen der ecodesign-Richtlinie [Ecodesign 2014] der Europäischen Union unternommen. Zum 1. Januar 2016 wurde in allen EU-Mitgliedstaaten die Kennzeichnungspflicht für Lüftungsgeräte eingeführt. Für sog. RVU (Residential Ventilation Units), also Geräte mit nomineller Luftmenge von unter 250 m³/h, wird jetzt auch eine Energieverbrauchskennzeichnung verlangt, wie wir sie bereits von z. B. Kühlschränken kennen. Angegeben werden der Jahresverbrauch des Geräts (Specific Energy Consumption SEC in kWh/m³ pro Jahr, negativer Wert) und die Leistung der angewendeten Wärmerückgewinnung. Außer der Kennzeichnung des Geräts sind viele weitere Informationen zur Verfügung zu stellen, sowohl im Internet als auch im mit dem Gerät mitgelieferten Informationsmaterial.

Darüber hinaus werden nun auch Großgeräte (sog. Non-Residential Ventilation Units, NRVU-Geräte), d. h. alle Geräte mit nomineller Luftmenge über 1000 m³/h, nach ecodesign-Richtlinie bewertet. Die Wärmerückgewinnung (Definition jedoch nach EU Richtlinie) muss ab 2018 mindestens 73 % betragen. Darüber hinaus werden Anforderungen an den spezifischen Stromverbrauch der Ventilatoren gestellt (Specific Fan Power, SFP).

Ein weiteres wichtiges Effizienzkriterium ist der Standby-Verbrauch des Geräts. Soll das Gerät z. B. in den Sommermonaten längere Zeit außer Betrieb genommen werden, ist es am besten, wenn es vollständig vom Netz genommen wird. Dabei sollten gespeicherte Einstellungen jedoch nicht verloren gehen. Wenn das Gerät nur deshalb beständig am Netz hängen muss, wird unnötig Standby-Verbrauch erzeugt – und eine Ausfallsicherheit bei Stromausfall ist ebenfalls nicht gegeben. Mit heutiger Mikroelektronik ist ein Standby-Verbrauch unter einem Watt möglich.

6.1.4 Balanceabgleich

Eine ganz wesentliche Voraussetzung für den störungsfreien und effizienten Betrieb von Komfortlüftungsanlagen mit Zu- und Abluft ist der sogenannte Balanceabgleich. Damit ist gemeint, dass die Lüftungsanlage nach Möglichkeit genau so viel Luft in das Gebäude fördert, wie sie aus dem Gebäude entnimmt. Gehen wir zunächst von einer Anlage mit Aufstellung innerhalb der wärmegedämmten Gebäudehülle aus, so ist die Bilanz auf der Außen- und Fortluftseite zu ziehen. Strenggenommen sind die Massenströme von Außen- und Fortluft auf den gleichen Wert zu bringen. Da sich die Temperaturen und damit auch die Dichte der Luftströme kaum unterscheiden, kann näherungsweise auch von einer Volumenstrombalance gesprochen werden.

Warum ist dieser Balanceabgleich gerade für den nachträglichen Einbau von Komfortlüftung so wichtig und was passiert, wenn diese Balance nicht eingehalten wird? Prinzipiell ist der Balanceabgleich auch für Lüftungsanlagen im Neubau wichtig. Im Altbau gewinnt er aber besonders an Bedeutung, weil die Luftdichtheit nicht immer mit gleicher Qualität erreicht werden kann. Die Zusammenhänge sind einfach zu verstehen und werden in Abbildung 6.2 schematisiert dargestellt. Wenn das Gerät zu viel Außenluft fördert, steigt der Druck im Gebäude an und die überschüssige Luft entweicht durch Leckagen in der Gebäudehülle. Dieser Zustand ist auf der linken Seite der Abbildung veranschaulicht. Damit ist die Massenbilanz wieder ausgeglichen. Dauerhaft kann keine Differenz auftreten, auch dann nicht, wenn das Gebäude sehr dicht gebaut wurde. Mit steigender Gebäudedichtheit steigt lediglich der Überdruck im Gebäude bei gleichem *Außenluftüberschuss*. Bauphysikalisch ist dieser Zustand höchst bedenklich, denn in den Wintermonaten können auf diese Weise hohe Feuchtelasten in die Baukonstruktion eingetragen werden. Die mit hoher absoluter Feuchte beladene Luft dringt durch Ritzen und Spalten in weiter außenliegende Bauteilschichten ein. Auf diesem Weg kühlt sie sich bis unter den Taupunkt ab und das enthaltene Wasser kondensiert aus. Die so auftretende Durchfeuchtung kann fatale Bauschäden sowie Schimmelpilz verursachen und muss unter allen Umständen verhindert werden. Sehr gute Luftdichtheit verringert die Gefahr, dennoch ist es immer sicherer, die treibende Kraft, nämlich die Disbalance, zu minimieren. Welche technischen Lösungen sich hier anbieten, wird nachfolgend noch genauer beschrieben.

Was geschieht nun bei *Fortluftüberschuss*, also höheren Fort- als Außenluftmengen? Auch hier erfolgt der Volumenstromausgleich wieder über die Leckagen in der Gebäudehülle, diesmal nur in umgekehrter Richtung: Der Fortluftüberschuss wird durch Ritzen und Spalten in der Gebäudehülle von außen nachgesaugt. In dieser Richtung sind in unserem Klima keine Bauschäden zu erwarten, weil in der Heizperiode kalte trockene Luft von außen durch die Leckagen geführt

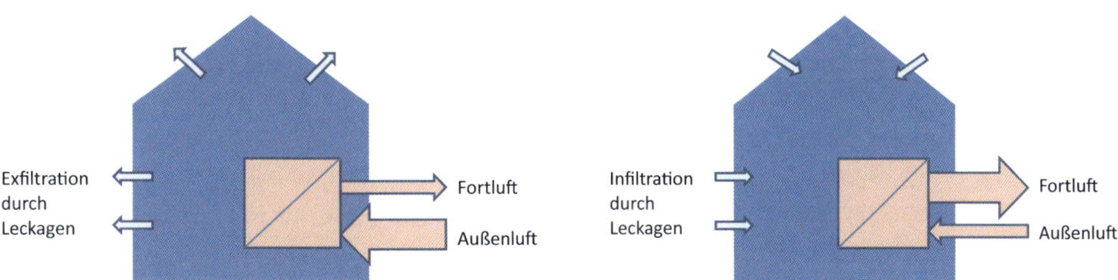

Abbildung 6.2 Effekte bei Außenluft- (links) bzw. Fortluftüberschuss (rechts)

wird. Es kommt nicht zu Kondensatausfall. Dennoch ist auch diese Form der Disbalance zu vermeiden, denn eintretende Kaltluft schränkt den Komfort ein (Zuglufterscheinungen). Darüber hinaus wird die Wirkung hochwertiger Feinstaubfilter umgangen, weil die Luft ungefiltert durch die Leckagen eintritt.

In beiden Fällen, sowohl bei Außenluftüberschuss als auch bei Fortluftüberschuss, ist die Effizienz der Wärmerückgewinnung reduziert. Auch dieser Zusammenhang ist wieder leicht verständlich, denn wenn die warme Raumluft die Gebäudehülle bei Zuluftüberschuss durch Leckagen anstatt über den Wärmeübertrager verlässt, kann diese ihre Wärme nicht an die Außenluft abgeben. Im umgekehrten Fall (Abluftüberschuss) wird die Abluft nicht so weit abgekühlt und verlässt die Gebäudehülle mit höherer Temperatur als im perfekt balancierten Betrieb. Die Folge ist ebenfalls wieder eine geringere Effizienz. Diese Effekte werden bei der PHI-Lüftungsgerätezertifizierung berücksichtigt.

Ziel sollte daher sowohl aus bauphysikalischen als auch aus Effizienz- und Komfortgründen ein möglichst gut balancierter Betrieb der Anlage sein. Aus energetischer Sicht reicht es dabei aus, wenn die Balance im Bereich von 10 % gehalten wird, weil die erzwungene Durchströmung der Leckagen die natürliche In- bzw. Exfiltration teilweise ersetzt. Wird dieser Bereich jedoch überschritten, so wird eine zusätzliche, d. h. höhere Durchströmung der Leckagen erzwungen, wodurch sich die Lüftungswärmeverluste erhöhen.

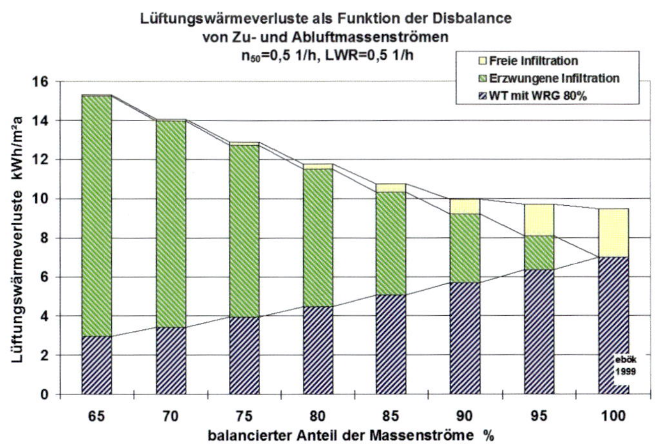

Abbildung 6.3 Lüftungswärmeverluste als Funktion der Disbalance von Zu- und Abluftmassenströmen bei einer Luftwechselrate von 0,5 1/h und einer Gebäudehülle mit dem Drucktestergebnis n_{50} = 0,5 1/h (Quelle: Passivhaus Institut GmbH, AKKP 17)

Es stellt sich nun die Frage, wie dieser Balanceabgleich erreicht werden kann. Bei der Inbetriebnahme werden zunächst die Zuluftvolumenströme auf Grundlage der Planung auf die einzelnen Räume aufgeteilt und entsprechend eingestellt. Ebenso geht man mit der Abluft vor. Verfügt das Gerät nur über konventionelle Ventilatoren, so ist der Balanceabgleich manuell vorzunehmen. Mit entsprechender Messtechnik (mit Staukreuzen, die in der Außen- und Fortluft eingebaut sind, bzw. mit einem Volumenstrommessgerät, siehe hierzu auch Kapitel 8.1 auf dem Außen- bzw. Fortluftdurchlass) gelingt dies mit einer Genauigkeit von ca. 5 %. Aufgrund der Nichtlinearität der Netzkennlinie stimmt diese Einstellung jedoch nur für eine Betriebsstufe. Wird diese angehoben bzw. abgesenkt, so können sich deutliche Verschiebungen ergeben. Einige Geräte bieten daher in der Steuerung an, die Ventilatoreinstellungen für mehrere Betriebszustände abzuspeichern und im späteren Betrieb abzurufen. Aber auch dieses Verfahren weist im Betrieb Schwächen auf, wenn Änderungen am Druckabfall des Systems auftreten. Dies kann z. B. durch Filterverschmutzung oder durch Verstellen von Drosselklappen und Ventilen sowie durch Kondensat im Wärmeübertrager (bei Wärmeübertragern ohne Feuchterückgewinnung) geschehen. Somit müsste der Balanceabgleich regelmäßig überprüft und nachreguliert werden. Weil dies in der Praxis erfahrungsgemäß versäumt wird, sollten Systeme mit automatischem Balanceabgleich bevorzugt werden. Nachfolgend wird erläutert, welche technischen Systeme hierfür in Frage kommen. Es handelt sich hier zwar um ein technisches Detail, an dieser Stelle soll aber nochmal auf die hohe Bedeutung des Balanceabgleichs – insbesondere bei der Nachrüstung von Lüftungsanlagen in Bestandsgebäuden – hingewiesen werden. Nicht immer wird in solchen Gebäuden eine perfekte Luftdichtheit erreicht. Der Balanceabgleich spart dann nicht nur Energie, sondern hilft auch, Bauschäden zu vermeiden.

6.1.4.1 Automatischer Balanceabgleich durch volumenstromgeregelte Ventilatoren

Ist der von einem Ventilator geförderte Volumenstrom bekannt, so kann er auf den jeweiligen Sollwert gesteuert werden. Stellen wir einen der beiden Ventilatoren, z. B. den Zuluftventilator, auf einen bestimmten Wert ein (diesen Ventilator bezeichnen wir in der Steuerung als „Master“) und können diesen Wert konstant halten, so brauchen wir nur noch den zweiten Ventilator, in diesem Fall den Abluftventilator (diesen bezeichnen wir als „Slave“), auf den gleichen Wert nachregeln. Auf diese Weise erhalten wir für alle Volumenstromeinstellungen eine automatische Balance, deren Genauigkeit von den beiden Absolutwerten der Volumenstrommessung abhängt. Wie eine solche Volumenstrom-Konstantregelung technisch umgesetzt wird, hängt von der Baugröße und dem zulässigen Aufwand ab. Große Ventilatoren verfügen heute häufig bereits über *Druckmessstutzen an der Einlaufdüse des Ventilators.* Wenn im Umkreis der Einlaufdüse keine störenden Elemente verbaut sind, kann über eine Druckdifferenzmessung zwischen statischem Druck vor der Einlaufdüse und dynamischem Druck an der Engstelle der Düse bei einem kalibrierten Ventilator mit einer Genauigkeit von

±2 % auf den Volumenstrom geschlossen werden. Eine Balanceregelung erreicht damit im ungünstigsten Fall eine Genauigkeit von 4 %, ist für unsere Zwecke also vollkommen ausreichend. Am höchsten fallen die Genauigkeiten aus, wenn der Ventilator direkt in der Einbaulage im Gerät kalibriert wird. Auch dies wird von einigen Herstellern angeboten.

Eine kostengünstigere Methode, die eher bei kleinen Ventilatoren eingesetzt wird, ist die elektronische Steuerung von Volumenkonstantventilatoren (mit vorwärts gekrümmten Schaufelblättern) über die Messung der Drehzahl und der Leistungsaufnahme. Die im Labor bestimmte Genauigkeit dieses Verfahrens lag bei ca. 5 %. Im mittleren und oberen Volumenstrombereich sind noch bessere Genauigkeiten möglich.

6.1.4.2 Balanceregelung durch Messung der Druckdifferenz zwischen Raumluft und Außenluft

Wie in Abbildung 6.4 veranschaulicht, erkennt man sowohl Außenluftüberschuss als auch Abluftüberschuss anhand von Über- bzw. Unterdruck im Gebäude. Durch Messung der Druckdifferenz zwischen innen und außen kann man daher auf Disbalance schließen. Allerdings wird dieses Messsignal durch Winddruck auf der Luv-Seite bzw. Windsog auf der Lee-Seite des Gebäudes beeinflusst bzw. gestört. Insbesondere Böen können erheblichen Über- bzw. Unterdruck an der Fassade verursachen. Diese zeitlichen Druckschwankungen müssen über zeitliche Mittelung bzw. Tiefpassfilter eliminiert werden. Optimal wäre zusätzlich noch eine örtliche Mittelung, also die Druckmessung an unterschiedlichen Stellen rund um das Gebäude. Dies kann entweder hydraulisch durch Verlegen von Schlauch-Ringleitungen um das Gebäude oder elektronisch über die Anbringung mehrerer Druckdifferenzsensoren an allen Fassadenseiten realisiert werden. Beide Verfahren sind allerdings mit einigem Aufwand verbunden. Mit der heute bereits sehr günstig verfügbaren hochgenauen Druckmesstechnik, ggf. in Kombination mit Funk-Datenübertragung, lassen sich solche Lösungen bereits mit vertretbarem Aufwand realisieren. Abbildung 6.4 zeigt das Funktionsprinzip der Balanceregelung mittels Differenzdruckmessung.

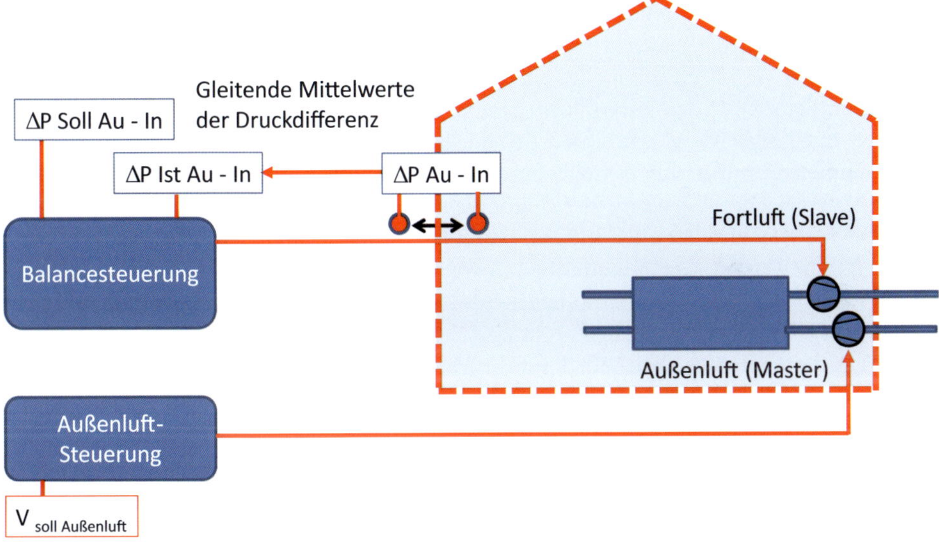

Abbildung 6.4 Prinzip des Balanceabgleichs mittels Differenzdruckmessung zwischen Raumluft und Außenluft

Neben den genannten Störungen des Messsignals durch Winddruck spielen natürlich auch Fensteröffnungen eine Rolle. Das Verfahren geht zunächst davon aus, dass das Gebäude eine bestimmte Luftdichtheit aufweist. Diese kann mit dem Differenzdruckverfahren und dem Lüftungsgerät auch messtechnisch bestimmt und zur Abstimmung der Regelparameter herangezogen werden. Wird lediglich der Außenluftventilator (bzw. analog der Fortluftventilator) mit stufenweise steigendem Volumenstrom betrieben, so steigt der Gebäudeinnendruck an (bzw. sinkt ab). Die so ermittelte Kennlinie stellt die Gebäudecharakteristik bei geschlossenen Fenstern dar. Bei einem oder mehreren geöffneten Fenstern sinkt der Differenzdruck auf Werte nahe

Null, weil sich der Außenluft- bzw. Fortluftüberschuss durch die Fensteröffnung ausgleichen kann. In dieser Zeit liegt keine verwertbare Information zum Balanceabgleich vor.

Die Anforderung an eine derartige Steuerung ist es nun, mit allen in der Praxis auftretenden Störgrößen zurecht zu kommen und zu jeder Zeit zumindest einen praktikablen Kompromiss für den Balanceabgleich zu erreichen. Der Vorteil einer solchen Regelung ist aber, dass sie für alle (auch bereits installierte) Geräte ohne Eingriff in die Hardware des Lüftungskanalnetzes nachgerüstet werden kann.

Um die Praktikabilität dieses Verfahrens zu überprüfen, wurde ein Testaufbau in einem Bürocontainer an der Universität Innsbruck installiert und im Rahmen einer Masterarbeit untersucht. Die Ergebnisse sind in [Boch 2018] publiziert.

6.1.4.3 Volumenstrommessung über den Druckabfall am Wärmeübertrager

Die im letzten Kapitel erläuterte Differenzdruckmessung zwischen Raumluft und Außenluft weist einen prinzipiellen Nachteil auf: Sie verlangt eine Schlauchverbindung zwischen innen und außen sowie eine Installation der Regelelektronik mit eingebautem Druckdifferenzsensor und elektrotechnischer Verschaltung mit der Steuerung des Lüftungsgeräts. Der Einbau und die Inbetriebnahme sind also mit einigem Aufwand verbunden, es bedarf hierfür qualifizierten Personals und es besteht eine gewisse Fehleranfälligkeit. Aus diesem Grund sind normalerweise Verfahren zu bevorzugen, die direkt vom Hersteller des Lüftungsgeräts implizit gelöst werden können. Zu diesen Verfahren gehört das eingangs erwähnte Verfahren mittels volumenstromgeregelten Ventilatoren. In den letzten Jahren werden jedoch aus Effizienzgründen zunehmend Ventilatoren mit rückwärts gekrümmten Schaufelblättern eingesetzt, die derzeit noch keine Konstantvolumenstromregelung ermöglichen (keine eindeutig auswertbare Kennlinie). Bietet das Kanalnetz ausreichend Platz für Beruhigungsstrecken von Volumenstrommesseinrichtungen (Messblenden, Staukreuze etc.), so kann damit jeweils der Volumenstrom von Außen- und Fortluft bestimmt werden. Der Außenluftvolumenstrom wird dann auf den Sollvolumenstrom eingestellt („Master"), der Fortluftvolumenstrom kann als „Slave" auf den gleichen Wert gebracht werden. Dieses Verfahren ist erprobt und funktionssicher, weist allerdings erheblichen Platzbedarf und zusätzlichen Druckabfall für die Messblenden bzw. Staukreuze auf. Aus diesem Grund wurde das Verfahren zur Messung des Druckabfalls über den Wärmeübertrager entwickelt, das nachfolgend beschrieben ist.

Wie bereits erläutert, benötigen klassische Messblenden oder Staukreuze etc. eine Beruhigungsstrecke (glattes Kanalstück ohne Formteile und Einbauten). Sie kann je nach Einbauten bis zum Fünffachen des Nenndurchmessers des Kanals betragen. Da wir aus Kosten- und Effizienzgründen (Druckabfall) aber stets versuchen, das Kanalnetz so kompakt wie möglich zu planen, ist diese Möglichkeit in vielen Fällen ausgeschlossen. Der Gegenstrom-Wärmeübertrager im Gerät stellt allerdings selbst einen Druckabfall dar, der u. U. als Signal für eine Volumenstrommessung bzw. -regelung in Frage kommt. Er stellt eine Parallelschaltung von Kanälen mit geringer Strömungsgeschwindigkeit und hoher Oberfläche dar, die in praktisch allen Betriebszuständen laminar durchströmt werden. Der Zusammenhang zwischen Volumenstrom und Druckabfall ist in diesem Strömungsbereich linear, bietet also eine sehr gute Voraussetzung für die Volumenstrommessung. Dieser Zusammenhang tritt auch bei Filtern auf. Diese sind jedoch aufgrund des Filterdruckanstiegs durch Verschmutzung nicht für Messzwecke geeignet. Jedoch kann auch beim Wärmeübertrager eine Druckänderung durch Verengung der Kanäle auftreten. Werden die Filter regelmäßig gewechselt, ist eine Verschmutzung der Übertragerlamellen eigentlich ausgeschlossen. In seltenen Fällen kann der Wärmeübertrager durch Ausbauen und Abduschen (siehe Kapitel 8.3.1) gereinigt werden. Ein weiterer Effekt kann jedoch ebenfalls den Druckabfall im Wärmeübertrager beeinflussen. Kondensattropfen, die sich in den Wintermonaten bei Unterschreiten des Taupunkts bilden, sollten zwar möglichst rasch zur Kondensatwanne abfließen, versperren jedoch aufgrund der Kapillarwirkung Teile des Kanalquerschnitts. In diesem Zustand weicht der Volumenstrom, der mittels einer kalibrierten Messung des Druckabfalls über den Wärmeübertrager bestimmt wurde, signifikant ab. Dieses Verfahren ist also für konventionelle Wärmeübertrager ohne Feuchterückgewinnung ausgeschlossen. In den letzten Jahren sind allerdings Wärmeübertrager mit diffusionsoffenen Membranen auf den Markt gekommen, die praktisch kein Kondensat entstehen lassen, weil der Wasserdampf von der Außenluftseite wieder vollständig aufgenommen wird. In diesem Fall kann das Verfahren, wie nachfolgend erläutert, eingesetzt werden.

Wird der statische Druck vor und hinter dem Wärmeübertrager vom Hersteller bei unterschiedlichen Volumenströmen bestimmt, kann daraus die Kalibriergerade für den Volumenstrom in Abhängigkeit des Druckdifferenzsignals bestimmt werden. Diese Prozedur wird sowohl zwischen Außen- und Zuluft als auch zwischen Ab- und Fortluft angewendet. Nun kann der Außenluftventilator wieder als „Master" auf den gewünschten Volumenstrom-Sollwert gebracht und der Fortluftventilator auf möglichst genau den gleichen Wert nachgeregelt werden (Master-Slave-Regelung). Abbildung 6.5 zeigt das Messprinzip mit der entsprechenden Regelung bzw. Steuerung.

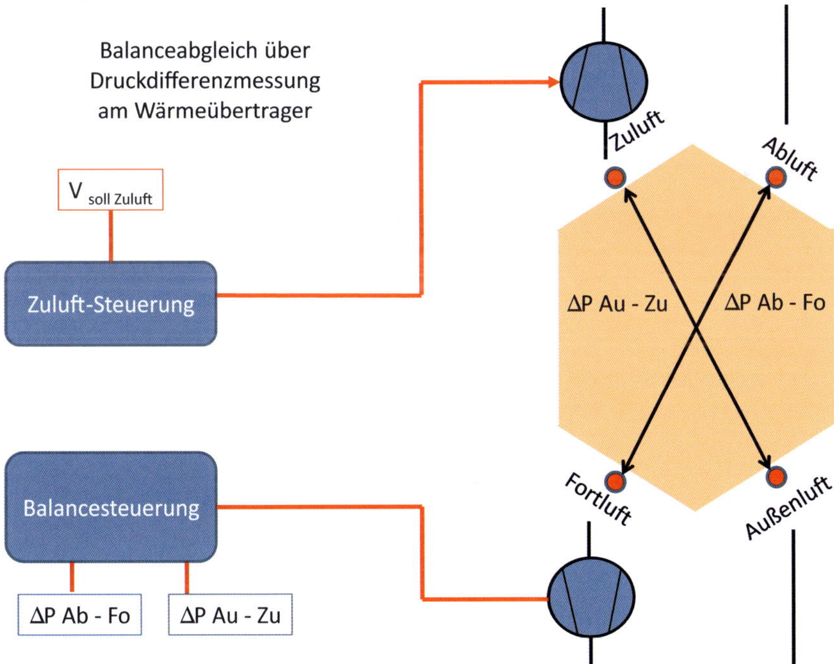

Abbildung 6.5 Balanceabgleich mittels Messung der Druckdifferenz über den Gegenstrom-Wärmeübertrager

Als technisch problematisch stellt sich lediglich heraus, den statischen Druck jeweils vor und nach dem Übertrager zu bestimmen. Hierfür ist eine geeignete ungestörte Messstelle im Gerät zu bestimmen.

6.1.4.4 Balanceabgleich mittels Messung der Enthalpiebilanz

Ebenfalls vom Hersteller innerhalb des Geräts lösbar ist der Balanceabgleich mithilfe der Enthalpiebilanz. Das Verfahren wird im Detail in [Schmeißer 2006] beschrieben und beruht auf der physikalischen Tatsache, dass die Enthalpiedifferenz zwischen der Außen- und Zuluft genau dann gleich groß mit der Enthalpiedifferenz zwischen der Ab- und der Fortluft ist, wenn Massenstrombalance herrscht, also der Massenstrom auf beiden Seiten des Wärmeübertragers genau gleich groß ist. Voraussetzung ist natürlich, dass das Gerät vollständig luftdicht und sehr gut gedämmt ist. Die Sensoren müssen direkt am Ein- bzw. Austritt des Wärmeübertragers platziert werden, damit nicht die Abwärme der Ventilatoren eine Verfälschung des Messergebnisses bewirken kann.

Das Messprinzip besteht nun darin, dass in allen vier Luftströmen, also Außenluft, Zuluft, Abluft und Fortluft, jeweils sowohl die Temperatur als auch die relative Feuchte möglichst genau bestimmt wird. Daraus kann jeweils die Dichte und Enthalpie der Luftströme der feuchten Luft bestimmt werden. Tritt eine rechnerische Abweichung zwischen den genannten Enthalpiedifferenzen auf, so muss einer der beiden Ventilatoren nachgeregelt werden. Laut Herstellerangaben sind auf diese Weise ebenfalls Genauigkeiten besser als ±10 % erreichbar. Allerdings ist hierfür auf eine exakte Kalibrierung aller Sensoren zu achten. Insbesondere bei der Feuchtemessung ist diese relativ häufig zu wiederholen.

6.1.5 Interne und externe Leckagen

Ein wesentliches Effizienz- und Komfortkriterium stellt auch die Luftdichtheit des Lüftungsgeräts sowie aller Kanäle dar. Leckagen im Gerät sowie dem Kanalnetz können zu Geruchsübertragungen führen, wenn geruchsbelastete Abluft in die Zuluft geraten kann. Dies ist dann der Fall, wenn ein Druckgefälle in dieser Richtung herrscht, also die Ventilatoren z. B. auf der Zuluftseite (saugend) und auf der Abluftseite (drückend) angeordnet sind. Treten zwischen diesen beiden Luftströmen Leckagen auf, wird es zum Übertritt geruchsbelasteter Luft kommen. Dieser Effekt ist unter allen Umständen zu vermeiden, weil es dadurch rasch zur Unzufriedenheit der Nutzer kommen kann. Die sicherste Ventilatoranordnung in Bezug auf die Geruchsbelastung ist daher die Außen-/Fortluftseite, weil dann die frische Außenluft mit Überdruck in das System eingebracht wird. In jedem Fall ist jedoch eine hohe Dichtheit vorteilhaft und erhöht die Effizienz. Alle Leckagen führen letztlich zu einer reduzierten Wärmerückgewinnung oder reduzierten Lüftungseffizienz.

Bei den Wärmerückgewinnungsgeräten ist man auf die Messwerte aus der Laborprüfung angewiesen. Die interne und externe Pressung wird auch auf dem PHI-Zertifikat ausgewiesen und ist auf 3 % begrenzt

6.2 Grundprinzipien der Wärmerückgewinnung

Unter Komfortlüftung versteht man generell eine Zu-/Abluftanlage mit Wärmerückgewinnung. Hocheffiziente Geräte sind heute mit Gegenstromwärmeübertragern ausgestattet, die etwa 75 bis 95 Prozent der Wärme aus der Abluft an die Zuluft übertragen. Die derart vorerwärmte Luft kann direkt ohne Zugerscheinungen in die Zulufträume eingebracht werden, weil deren Temperatur bereits 16,5 °C oder höher beträgt (siehe hierzu auch Kapitel 6.1.2). Zudem ermöglicht die Wärmerückgewinnung eine nicht unerhebliche Heizwärmeeinsparung von ca. 15 kWh/(m^2a) und eine Verringerung der spezifischen Heizlast von ca. 6 W/m^2. Der erreichbare Einfluss auf die Wirtschaftlichkeit wird in Kapitel 10 beschrieben. Wichtiger sind jedoch gerade bei der Bestandsmodernisierung die gesunde Raumluft und Bauschadensfreiheit.

Wenn Sie sich dafür entscheiden, in einem Bestandsgebäude eine Lüftungsanlage nachträglich einzubauen, werden Sie sich zunächst die bereits in der Einführung erläuterte Frage stellen, wo das Gerät am besten Platz findet. Vor einigen Jahren gab es noch wenig Auswahl bei hocheffizienten Geräten; die Bauform war in fast allen Fällen kubisch. Gerade bei beengten Platzverhältnissen kleiner Wohnungen verblieb für die Anordnung eines solchen Geräts fast nur der Platz über der Waschmaschine (Voraussetzung: Frontlader), der ansonsten kaum genutzt wird. Wird das Gerät dann direkt unter der abgehängten Decke montiert, stellt dies eine relativ gute Möglichkeit dar, siehe Abbildung 6.6. Nachteilig wirkt sich dabei nur aus, dass man sich mit der Platzierung der Waschmaschine festlegt und der Aufstellort sich nicht zwangsläufig nahe der wärmegedämmten Gebäudehülle (dem eigentlich optimalen Platz) befindet.

Abbildung 6.6 Konventionelles Lüftungsgerät mit kubischer Gehäuseform in der Montage über der Waschmaschine direkt unter der abgehängten Decke (Foto: Vaillant GmbH)

In den letzten Jahren kamen verstärkt innovative Geräte mit Gehäuseformen und Anschlussvarianten für die Kanäle auf den Markt, die neue Möglichkeiten für die nachträgliche Gebäudeintegration in Wand, Decke oder Dach eröffneten. Diese Varianten werden nachfolgend mit ihren jeweiligen Vor- und Nachteilen erläutert und sollen Anregungen für mögliche Umsetzungen in Ihren eigenen Projekten geben. Diese Gerätevielfalt ist für die Sanierung tatsächlich notwendig, weil Grundrisse, Bauweisen und das jeweilige Platzangebot sehr unterschiedlich ausfallen. Eine „Patentlösung für alle Fälle“ gibt es nicht.

Möglich wurden diese Entwicklungen durch innovative Lösungen im Bereich der Wärmeübertrager. Die heute weit verbreiteten hocheffizienten Wärmeübertrager wurden erst mit Wärmeübertragern im Gegenstromprinzip möglich. Der kalte Außenluftvolumenstrom wird dabei parallel, aber in Gegenrichtung zum warmen Abluftvolumenstrom geführt, siehe Abbildung 6.7. Damit ist theoretisch eine Wärmerückgewinnung nahe 100 % möglich. Begrenzt wird der reale Wert lediglich durch den zur Verfügung stehenden Platz und die Material- und Herstellungskosten.

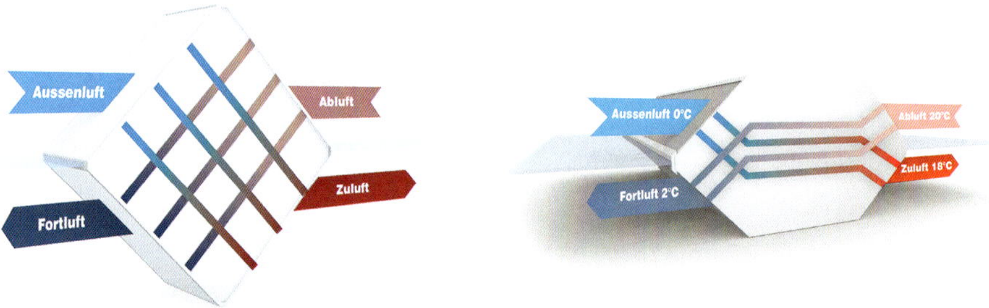

Abbildung 6.7 Wärmeübertrager im Kreuzstrom- (links) bzw. Gegenstromprinzip (rechts) (Quelle: Klingenburg GmbH)

Der steigende Druckabfall kann jeweils wieder durch Parallelschaltung von noch mehr Übertragerplatten kompensiert werden. Gerade der Platzbedarf spielt aber, wie bei den nachfolgend erläuterten Gerätevarianten gezeigt, in der Altbaumodernisierung eine wesentliche Rolle. Nicht nur das Volumen, sondern auch die Bauform ist dabei ein wesentliches Kriterium, gerade wenn es um Wand- oder Deckenintegration geht. Wie in den nachfolgenden Abschnitten beschrieben, sind hier besonders flache Geräte gefragt. Auch das ist mit einem Gegenstromwärmeübertrager möglich.

Abbildung 6.8
Fine-wire-Wärmeübertrager (Quelle: Vaventis BV)

Besonders flache Bauformen sind mit sogenannten Fine-wire-Wärmeübertragern möglich. Dabei wird die Wärme nicht quer durch die Übertragerplatte, sondern längs von feinen Kupferdrähten geleitet. Abbildung 6.8 zeigt einen solchen Wärmeübertrager, der bereits in wandintegrierten Lüftungssystemen eingesetzt wird.

Die bislang erläuterten Wärmeübertrager werden in die Gruppe der sogenannten *Rekuperatoren* eingeteilt. Die Wärmeübertragung erfolgt durch Wärmeleitung (Transmission) durch das Wärmeübertragermaterial hindurch. Das lineare Temperaturprofil stellt sich dann durch die Anströmung im Gegenstromprinzip ein.

Abbildung 6.9 Funktionsprinzip der wohnungszentralen wandintegrierten Lüftungsanlage freeAir 100 (Quelle: bluMartin GmbH)

Ebenfalls zu dieser Kategorie gehören auch die *Kreislaufverbundsysteme*. Hier findet die Wärmeübertragung allerdings nicht direkt durch die Übertragerplatten statt, sondern indirekt über ein durch ein Rohr geführtes Wärmeträgermedium (siehe Abbildung 6.10). Diese Variante hat den Vorteil, dass der Wärmübertrager in der Fortluft von dem in der Außenluft räumlich getrennt sein kann. Es ist also nicht mehr erforderlich, Luftströme der Außen-/Zuluft bzw. Ab-/Fortluft mit Luftkanälen an dieselbe Stelle zu bringen. Auf diese Weise kann man insbesondere im Altbau Kanäle und damit Platz einsparen. Nachteilig wirkt sich die etwas geringere Wärmerückgewinnung beim Kreislaufverbundsystem gegenüber dem klassischen Plattenwärmeübertrager aus. Allerdings bietet der Hydraulikkreis die Möglichkeit einer hydraulischen Heizwärmeeinbindung (Nachheizregister) und damit gleichzeitig auch einen Frostschutz.

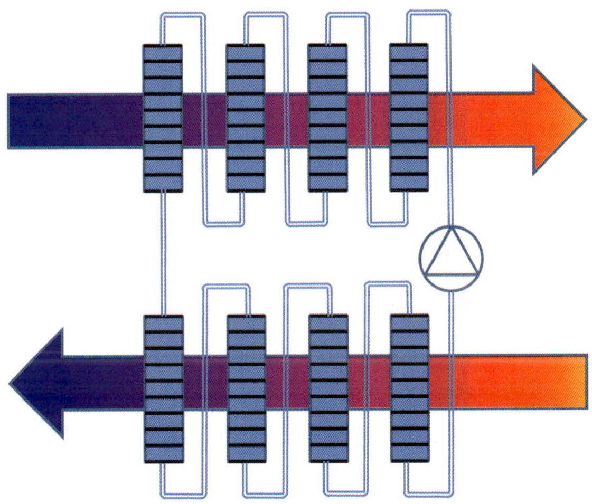

Abbildung 6.10 Prinzip des Kreislaufverbundsystems: Außen-/Zuluft bzw. Fortluft-/Abluftkanalnetz können baulich getrennt angeordnet werden.

Demgegenüber arbeiten die sogenannten *Regeneratoren* als Kurzzeitspeicher für die Wärme aus der Abluft. Diese wird im ersten Zyklus bei der Überströmung eines Wabenkörpers mit der warmen Luft aufgenommen und zeitversetzt an die anschließend hindurchströmende kalte Außenluft wieder abgegeben. Auch hier arbeitet der Wärmeübertrager im Gegenstromprinzip. Das sich einstellende Temperaturprofil ist wieder annähernd eine Gerade, allerdings nur bei hinreichend kurzen Zeitintervallen, innerhalb derer die Strömungsrichtung umgekehrt wird.

Bei Rotationswärmeübertragern tritt die warme Abluft aus dem Gebäude in der einen Hälfte des Rotationswärmeübertragers in die Speichermasse ein und gibt die Wärme kontinuierlich an die rotierende Speichermasse ab. Die warme Seite der Speichermasse wärmt sich dabei nahezu auf die Temperatur der Abluft auf, während im Gegenstrom auf der anderen Hälfte des Rotationswärmeübertragers die kalte Außenluft, auf der kalten Seite, in die rotierende Speichermasse eintritt. Man unterscheidet zwischen sogenannten Kondensations- und Sorptionsrotoren. Rotationswärmeübertrager, die Feuchte nur bei Kondensation innerhalb der rotierenden Speichermasse übertragen, nennt man Kondensationswärmeübertrager. Daneben gibt es auch Rotationswärmeübertrager mit einer Sorptionsbeschichtung. Diese können auch dann Feuchte übertragen, wenn es nicht zur Kondensation kommt, also auch dann, wenn die Abluft innerhalb der rotierenden Speichermasse nicht mehr so weit ausgekühlt wird, dass der Taupunkt innerhalb der rotierenden Speichermasse nicht mehr unterschritten wird.

„Um die Übertragung von Abluft in die Zuluft (sog. Mitrotation) zu verhindern, werden Spülkammern verwendet, um den Rotor vor Eintritt in die Außenluft vollständig mit Außenluft zu durchspülen. Bei Beachtung der Druckbedingungen und dem Einsatz einer Spülkammer kommt es zu einer Partikelübertragung kleiner 1:1000, also praktisch im nicht messbaren Bereich. Es können jedoch wasserlösliche Geruchsstoffe übertragen werden, und zwar ausschließlich wasserlösliche Geruchsstoffe. Dies liegt daran, dass Kondensat auf die Zuluft übertragen wird. So können sich in dem Kondensat in geringfügigen Mengen wasserlösliche Geruchsstoffe lösen, die dann mit der Feuchte übertragen werden. Diese kommen normalerweise nur in Küchen vor, während sich in Toilettenabluft keine wasserlöslichen Stoffe befinden." [Lautner 2013] Um die Übertragung von Küchengerüchen zu vermeiden, sollte die Anwendbarkeit von Rotationswärmeübertragern projektspezifisch geprüft werden, insbesondere wenn es zu einer Geruchsübertragung in andere Nutzungseinheiten kommen kann, also vor allem beim Einsatz von zentralen Anlagen im Geschosswohnbau.

Zur Gruppe der Regeneratoren zählen neben den Rotoren auch die sog. Pendellüfter, siehe Abbildung 6.11. Detaillierte Ausführungen zu Pendellüftern finden sich in Kapitel 4.2.

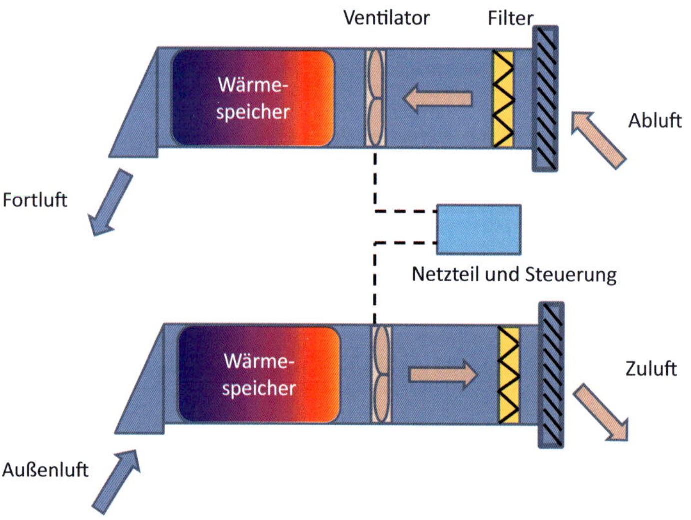

Abbildung 6.11
Regenerativer Wärmeübertrager: Pendellüfter

6.3 Bauformen von Lüftungsgeräten, die sich besonders für den nachträglichen Einbau in der Sanierung eignen

Nachfolgend werden Gerätevarianten erläutert, welche aufgrund ihrer Bauform besonders für die Sanierung geeignet sind. Dabei werden die Integrationsmöglichkeiten in der Decke, der Wand, der Einbauküche sowie im Flur bzw. dem Treppenhaus beschrieben. Ursprünglich für den Neubau konzipiert können aber auch Geräte für die Dachaufstellung infrage kommen.

6.3.1 Gerätevarianten zur Deckenintegration

Geräte zur Deckenintegration unterscheiden sich von den eingangs genannten konventionellen kubischen Geräten dadurch, dass die Kanalanschlüsse nicht mehr alle nach oben angeflanscht werden, sondern an den Stirnseiten eines möglichst flachen Gehäuses. Nur mit diesen beiden Eigenschaften wird es möglich, ein Gerät in der lichten Höhe der Deckenabhängung von nicht

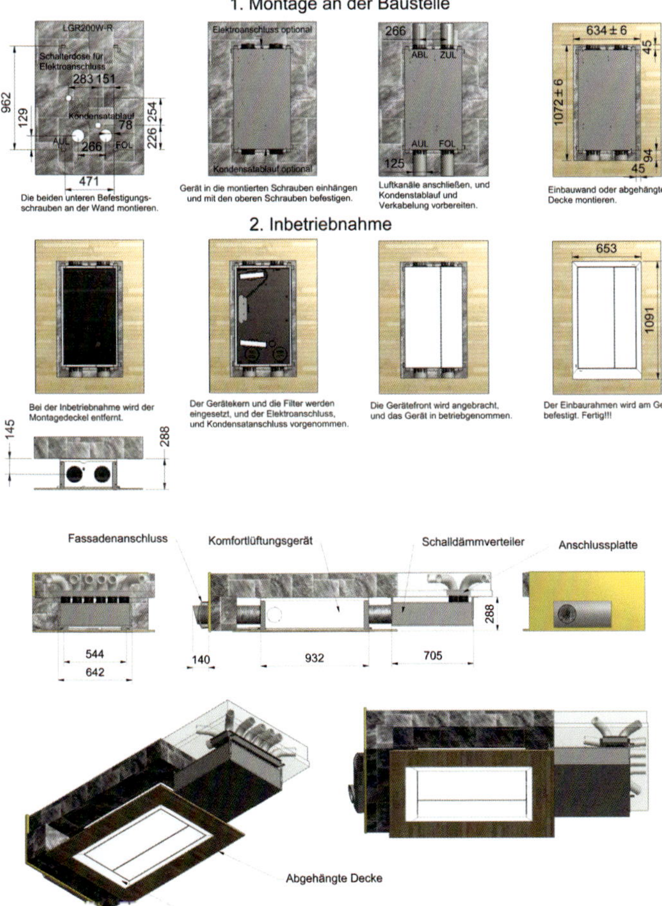

Abbildung 6.12
Lüftungsgerät zur Deckenintegration, die Wartung erfolgt über eine Revisionsklappe von unten (oben), Deckenmontage mit Anschlussplatte, Einbau in abgehängter Decke mit Einbaurahmen oder hinter Einbauwand (unten) (Quelle: KL Lufttechnik GmbH)

mehr als 25 cm unterzubringen. Diese Bauform erfordert auch, dass die Geräte von unten über eine Revisionsklappe gewartet werden können. In der Deckenabhängung muss mindestens dieser Bereich über eine Klappe zugänglich gemacht werden. Um den Aufwand für zwei Klappen (im Gerät und in der Deckenabhängung) zu reduzieren, bieten einige Hersteller bereits Geräte mit Gipskartonplatte als Revisionsdeckeloberfläche an. Diese Vorgehensweise erfordert allerdings eine positionsgenaue Montage bzw. einen passgenauen Deckenausschnitt.

Technisch gesehen stellt sich an solche Geräte jedoch eine besondere Herausforderung, nämlich die Kondensatabfuhr. Konnte bei konventionellen Geräten das Kondensat von der Schwerkraft unterstützt senkrecht nach unten abfließen, bleiben beim horizontalen Wärmeübertrager die Tropfen bedingt durch die Kapillarkraft einfach hängen. Der Luftstrom versucht zwar, die Tropfen Richtung Kondensatwanne zu treiben, sobald aber nur Teilbereiche freigeblasen werden, sinkt die Effizienz, weil nur ein geringer Flächenanteil aktiv bleibt.

Bei jeder Bauform ist das rückstandsfreie Ablaufen des Kondensats in der Kondensatwanne erforderlich (Ablauf am tiefsten Punkt). Im Speziellen ist dies natürlich bei der Wartung von unten der Fall, damit bei der Wartung über Kopf sich das Kondensat nicht entleeren kann.

Diese Probleme lassen sich durch feuchteübertragende Wärmeübertrager lösen. Bei dieser Bauart tritt normalerweise überhaupt kein Kondensat auf. Der Wasserdampf gelangt durch Diffusion durch eine Membran von der Fortluftseite auf die Außenluftseite und wird vom Außenluftvolumenstrom abtransportiert. Die Vor- und Nachteile unterschiedlicher Wärmeübertrager-Bauformen wurden bereits in Kapitel 6.2 näher erläutert.

Gegenüber anderen Einbauformen ist zwar der geringe Platzbedarf positiv hervorzuheben, die Wartungsfreundlichkeit ist jedoch durch das Arbeiten über Kopf eingeschränkt.

6.3.2 Gerätevariante zur Wandintegration

Betrachtet man die Frage der idealen Einbausituation eines Wärmerückgewinnungsgeräts aus wärmetechnischer Sicht, so sollte das Gerät nach Möglichkeit in der Außenwand integriert werden. In diesem Fall entfallen die Außen- und Fortluftkanäle praktisch vollständig; die Wärmeverluste sind damit minimal. Auch bezüglich der technischen und handwerklichen Ausführung und damit letztlich auch hinsichtlich der Kosten stellt diese Variante eine sehr gute Lösung dar, denn insbesondere die kalten Kanäle innerhalb der wärmegedämmten Gebäudehülle müssen mit hohem Aufwand diffusionsdicht gedämmt werden (siehe hierzu Kapitel 7.2). Die Platzersparnis ist darüber hinaus ebenso wie bei der Deckenintegration gegeben. Die unterschiedlichen Varianten (aufputz, unterputz und wandintegriert) wurden bereits in [Pfluger 2004] veröffentlicht.

Wird ein Gegenstromwärmeübertrager vertikal zur Wandoberfläche ausgerichtet und in die Wand eingebaut, so folgt der Temperaturverlauf im Übertrager weitgehend dem Temperatur-

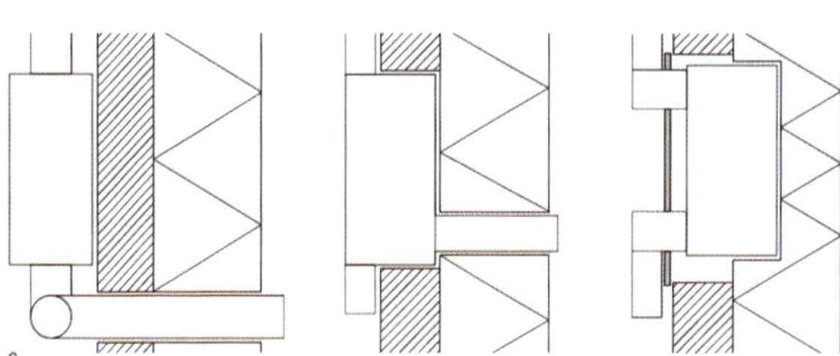

Abbildung 6.13 Möglichkeiten der Wandintegration (Aufputz, unterputz und wandintegriert) (Quelle: [Pfluger 2004])

gradienten in der Außenwand. Die Wärmeverluste sind demnach minimal. Abbildung 6.14 zeigt Beispiele für eine derartige Ausführung der Wandintegration.

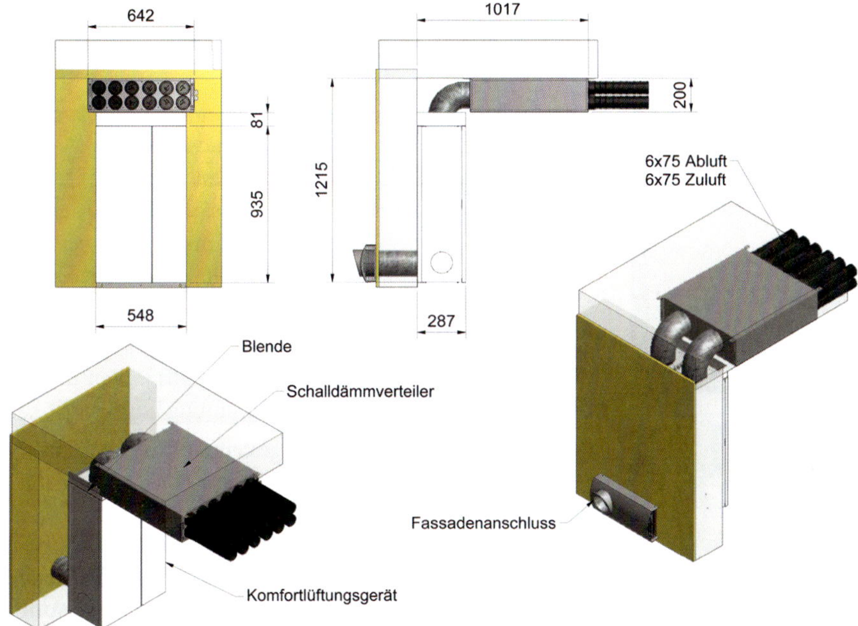

Abbildung 6.14 Wandintegrierte Wärmeübertrager mit Ausrichtung des Gegenstromwärmeübertragers vertikal zur Wandoberfläche (Quelle: KL Lufttechnik GmbH)

Neben den Vorteilen hinsichtlich der Wärmeverluste und dem geringeren Aufwand für die Außen-/Fortluftführung kann die Wandintegration auch Vorteile hinsichtlich der Geräteschallabstrahlung bieten, wenn die raumseitige Geräteabdeckung schalltechnisch ertüchtigt wird. Im optimalen Fall bildet die Massivwand selbst das Trennbauteil. Eine Luftschallübertragung vom Gerät an den dahinterliegenden Raum ist dann praktisch ausgeschlossen.

Inzwischen sind tatsächlich so flache Geräte verfügbar, die bei Außenwanddämmung vollständig in der Wärmedämmung untergebracht werden können. Das Gerät liegt dann vollständig außerhalb der Bestandswand. In diesem Fall können Nachbarräume auch über Querverzug der Leitun-

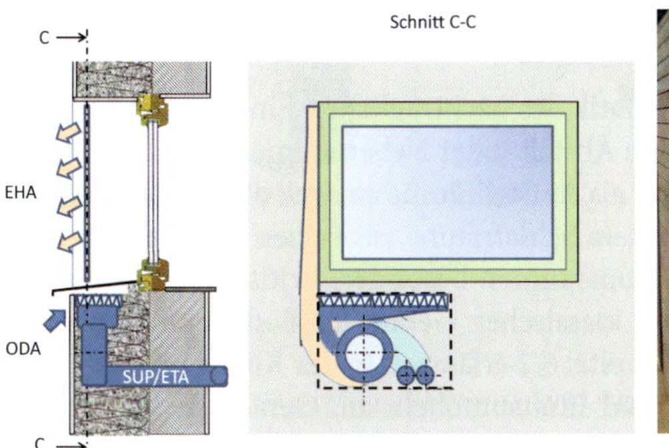

Abbildung 6.15 Schema zur Integration des Wärmerückgewinnungsgeräts in der Dämmebene. (Quellen: links [Pfluger 2018], rechts smartshell, pro Passivhausfenster GmbH, PH-Tagung 2017)

6.3.4 Wohnungsweise Geräte mit Wartung vom Flur bzw. Treppenhaus

Wohnungsweise Geräte haben gegenüber der zentralen Variante zahlreiche Vorteile (siehe Kapitel 3.2). Das Hauptargument gegen diese Bauweise liegt allerdings in der Wartungsproblematik, weil die Wartung des Geräts sowie der Filterwechsel normalerweise ein Betreten der Wohnung – und damit des Privatbereichs der Bewohner – erfordern. Eine Zwischenlösung stellen Geräte dar, die zwar wohnungsweise eine Wärmerückgewinnung pro Wohneinheit vorsehen, deren Anordnung jedoch so ausgeführt wird, dass sie vom Flur bzw. vom Treppenhaus aus für die Wartung zugänglich sind. Leider ist diese Variante aber auch mit der Brandschutzproblematik behaftet, weil eine Abschottung zwischen Flur/Treppenhaus und der eigenen Brandschutzzone (Wohneinheit) erforderlich ist. Hierfür bestehen prinzipiell zwei Lösungswege: Entweder wird das Gerät vollständig im Flur bzw. Treppenhaus positioniert und die Schottung erfolgt in den Zu-/Abluftkanälen beim Durchtritt durch die Wohnungs-Trennwand, oder das Gerät gehört brandschutztechnisch zur Brandschutzzone der Wohneinheit und die Trennung erfolgt über eine brandschutztechnisch ertüchtigte Wartungsklappe.

Wird der Dachraum nicht durch Dachausbau als Wohnraum genutzt, kann er ebenfalls zur Geräteaufstellung dienen. Hier können sowohl zentrale als auch wohnungsweise Varianten zur Ausführung kommen. In beiden Fällen bietet das Schrägdach Schutz vor Regen, aber nicht zwingend auch vor geringen Außentemperaturen – nämlich dann, wenn die Dämmung auf der obersten Geschossdecke und nicht als Zwischen- bzw. Aufsparrendämmung ausgeführt wird. Stellt man also Geräte im kalten Dachraum auf, sind die Zu- und Abluftkanäle so kurz wie möglich und wärmegedämmt auszuführen, weil sonst unnötig hohe Kosten und Wärmeverluste auftreten. Am besten wird das Gerät möglichst nahe an der Deckendurchführung platziert. Ansonsten sollte der Querverzug der Zu- und Abluftleitungen in bzw. unter der Dämmung der obersten Geschossdecke geführt werden. Die Kanalführung sollte daher gleich im Zuge der Aufbringung der Wärmedämmung erfolgen. Wohnungen im obersten Geschoss können so mit extrem geringen baulichen Eingriffen in der Wohnung selbst erfolgen, weil die Leitungsführung vollständig im Dachraum erfolgt. Auch die Gerätewartung kann dann außerhalb der Wohnung erfolgen.

6.3.5 Zentralgerät für die Außenaufstellung (Dachaufstellung)

Ein wesentlicher Kostenpunkt bei zentralen Lüftungsgeräten ist der hohe Platzbedarf für das Zentralgerät. Daher versucht man meist, untergeordnete Räume im Keller oder Dachgeschoss für die Geräteaufstellung zu nutzen, um keinen wertvollen Wohnraum für diese Zwecke einsetzen zu müssen. Aber auch diese Räume werden häufig dringend als Abstell- oder Trockenräume gebraucht. In einigen Fällen wurden daher eigene Einhausungen für die Geräteaufstellung gebaut. Allerdings hat sich gezeigt, dass diese Varianten mit hohem baulichen Aufwand und damit hohen Investitionskosten verbunden sind.

Daher sind auch Geräte für Außenaufstellung verfügbar. Diese können ohne zusätzliche Einhausung im Freien platziert werden, weil sie mit wärmegedämmten und gegen Regen geschützten Gehäusen ausgestattet sind. Die Wartung erfolgt über seitliche Revisionsöffnungen, bauseits muss also nur ein gesicherter Dachausstieg zur Verfügung gestellt werden. Zu beachten ist die Frostfreihaltung des Kondensatablaufs. Am besten wird der Ablauf gleich innerhalb der wärmegedämmten Gebäudehülle und von dort direkt in das Abwasser geführt. Nur in Notfällen sollte mit elektrischer Begleitheizung gearbeitet werden (hoher Stromverbrauch).

Die Dachaufstellung von Lüftungsgeräten auf Flachdächern erfordert in jedem Fall einen Eingriff in die wasserführende Dachhaut. Die Durchführung erfolgt entweder mittels Zu-/Abluftkanälen, die vom Zentralgerät abzweigen, oder (diese Methode wird empfohlen) die Durchführung erfolgt direkt unter dem Gerät. Letztere Variante bedingt einen Aufstellsockel, welcher gleichzeitig die Kanaldurchführung und den Hochzug für die wasserführende Ebene darstellt und von einigen Herstellern passend zum Gerät mitgeliefert wird. Abbildung 6.19 zeigt eine solche Geräteaufstellung.

Abbildung 6.19 Dachaufstellung mit Kanaldurchführung direkt unter dem Gerät (Quelle: Sevela, P.)

Aus der Erfahrung zahlreicher ausgeführter Anlagen heraus kann der Dachaufstellung der klare Vorzug gegenüber der Geräteaufstellung im Keller gegeben werden, weil die Leitungsführung für Außen-/Fortluft deutlich einfacher und kürzer (ggf. direkt am Gerät) ausfallen kann und i. A. die Luftqualität über Dach besser als in Bodennähe ist (keine Parkplätze, Komposthaufen oder andere Geruchsbelastungen). Auf Abwasser-Fallrohrbelüftungen sowie Abgasleitungen in der Nähe der Außenluftansaugung ist allerdings zu achten, damit es nicht, je nach Windrichtung, zu einer Geruchs- bzw. Schadstoffansaugung kommt. Ein weiterer Nachteil der Dachaufstellung ist der Temperaturanstieg bei hoher Solareinstrahlung. Gerade in den Sommermonaten besteht so die Gefahr der Ansaugung heißer Luft. Es empfiehlt sich daher, die Außenluftansaugung an der schattigen Nordseite des Gebäudes zu platzieren. Ist die Dachdämmung aus

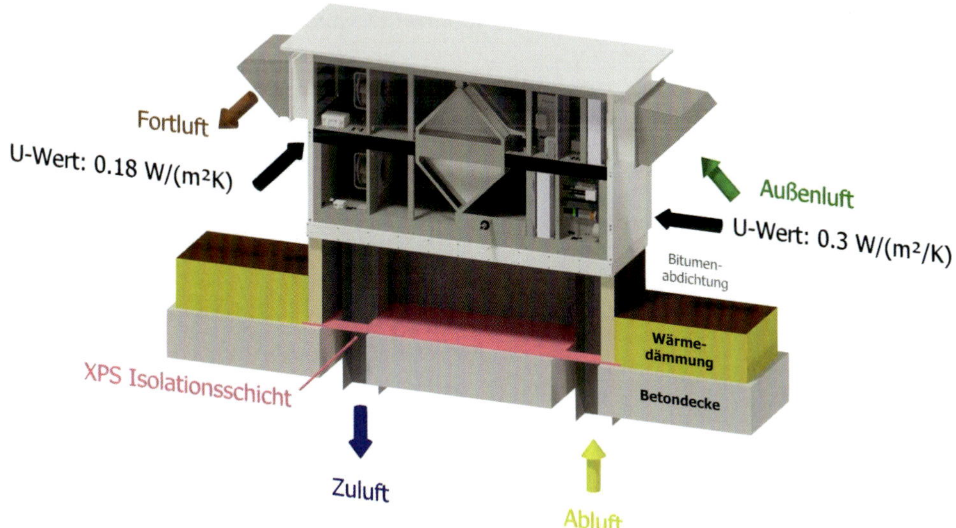

Abbildung 6.20 Schema zur Dachaufstellung eines zentralen Lüftungsgeräts (Quelle: J. Pichler GmbH)

brennbarem Material ausgeführt, so sind die jeweils gültigen Brandschutzvorschriften zu beachten, um einen Brandüberschlag zu verhindern (z. B. anschließende Dämmung aus Mineralwolle).

6.4 Wann ist ein Wärmeübertrager mit Feuchterückgewinnung sinnvoll?

Je nach Belegungsdichte und Nutzungsgewohnheiten (Wäschetrocknen, Zimmerpflanzen, Kochen etc.) reichen die Feuchtequellen normalerweise aus, um bei moderater Dimensionierung der Volumenströme (20–25m³/h pro Person) die Raumluftfeuchte im gesundheitlich zuträglichen Bereich (über 30 % r. F.) zu halten. Für Gebäude mit geringer Belegungsdichte, geringen Feuchtequellen und häufiger Abwesenheit der Bewohner sollte zunächst die Luftmenge entsprechend reduziert bzw. bedarfsgerecht geregelt werden. Wenn auch dann noch dauerhaft zu geringe Raumluftfeuchten auftreten (z. B. mehrere Wochen unter 25 % r. F.), kann der Einsatz von Feuchterückgewinnung sinnvoll sein. Im Vergleich zum Neubau ist die Bedeutung der Entfeuchtung für die Wohnungslüftung in Bestandsgebäuden höher, weil bestimmte Wärmebrücken nur schwer oder überhaupt nicht zu beseitigen sind. So verfügen beispielsweise tragende aufsteigende Wände über keine thermische Trennung. Diese Wärmebrücke kann durch Begleitdämmung nur „abgemildert" aber nicht vollständig beseitigt werden. Geringere Raumluftfeuchte hilft an solchen bauphysikalisch kritischen Stellen, trotz geringer Oberflächentemperaturen eine Schimmelbildung zu vermeiden. In erster Linie sollte die Raumluftfeuchte aber in dem für Menschen zuträglichen Bereich gehalten werden.

Heute sind für die Wohnungslüftung sowohl Plattenwärmeübertrager (sog. Rekuperatoren) mit Membrantechnologie als auch Rotationswärmeübertrager (sog. Regeneratoren) verfügbar. Letztere sind aber zur Vermeidung von Geruchsübertragung aus der Küchenabluft nur als wohnungsweise Geräte einzusetzen. Neu hinzugekommen ist in den letzten Jahren eine innovative Technik rekuperativer Wärmeübertrager mit periodischer Umschaltung. Bei den letztgenannten Systemen kann der Grad der Feuchteübertragung über die Drehzahl des Rotors bzw. die Periodendauer der Umschaltung sogar je nach Bedarf variiert werden. [DETAIL 2016]

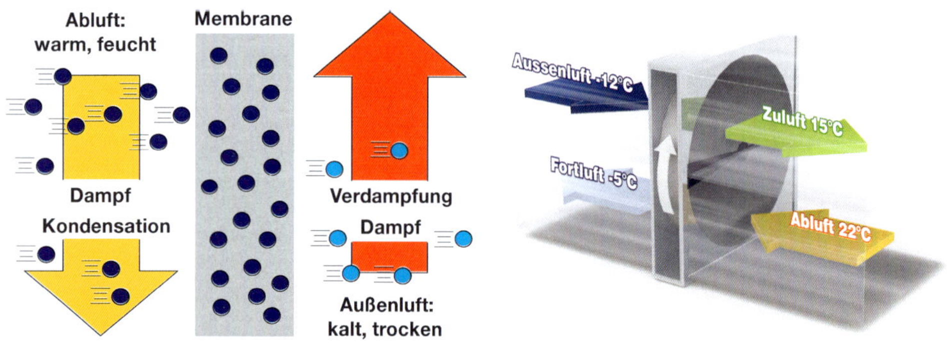

Abbildung 6.21 Prinzipschaubild der Feuchteübertragung bei Rekuperatoren (links, Quelle: Johann Wernig KG), Rotationswärmeübertrager, (rechts, Quelle: Klingenburg GmbH)

Systeme mit Feuchterückgewinnung helfen aber nicht gegen zu trockene Raumluft (siehe hierzu Kapitel 1.3.1), sondern weisen gerade für die Sanierung einen weiteren wichtigen Vorteil auf. Weil der Wasserdampf vollständig in die Außenluft transferiert wird, fällt kein Kondensat an. Es wird daher auch kein Kondensatablauf benötigt. Diese Tatsache stellt einen nicht zu unterschätzenden Vorteil gerade für den nachträglichen Einbau in der Sanierung dar, weil das Gerät häufig in einem Raum ohne Abwasseranschluss oder sogar direkt in der Fassade installiert werden soll. In diesem Fall kann es sehr problematisch werden, das Kondensat abzuführen. Wenn lange Kondensatleitungen erforderlich sind, reicht häufig das vorhandene Gefälle nicht aus und die Gefahr von Verstopfungen durch Verunreinigung bis hin zu Wasserschäden ist nicht ausgeschlossen. Bei Aufstellung des Geräts außerhalb der wärmegedämmten Gebäudehülle kommt noch die Frostgefahr für die Kondensatwanne und Kondensatleitung hinzu. In vielen Fällen kann auch auf einen Frostschutz für den Wärmeübertrager selbst verzichtet werden.

7 Dimensionierung und Ausführung von Kanalnetz, Komponenten und Details

Die beiden Ventilatoren im Lüftungsgerät fördern die Außenluft in das Gebäude bzw. die Abluft aus dem Gebäude und müssen dabei jeweils den Druckverlust des Außen-/Zuluftkanalnetzes bzw. des Abluft-/Fortluftkanalnetzes sowie aller Einbauten, Luftdurchlässe und des Lüftungsgeräts selbst mit seinen Umlenkungen, Einbauten und insbesondere des Wärmeübertragers überwinden. Bei der Geräteauswahl haben wir bereits auf möglichst geringe spezifische Leistungsaufnahme geachtet, diese erreichen die Hersteller sowohl durch effiziente Ventilatoren als auch durch ausreichend große Querschnitte und damit geringe Druckabfälle im Gerät. Außer durch die Gerätewahl haben wir bei der Planung darauf keinen Einfluss.

Alle Druckabfälle außerhalb des Lüftungsgeräts, die z. B. durch Luftdurchlässe, Kanäle, Einbauten und Formstücke verursacht werden, bezeichnet man als „externe Pressung". Diesen Wert dagegen können wir durch geschickte Planung und Komponentenwahl sehr wohl beeinflussen, einerseits durch ein möglichst kurzes Kanalnetz, andererseits durch ausreichend große Strömungsquerschnitte. Letzteres gilt nicht nur für die geraden Kanalstücke, sondern insbesondere auch für Formstücke, Einbauten, Ein-/Auslassgitter, Luftdurchlässe etc.

Dass eine sorgfältige Dimensionierung und Komponentenauswahl bares Geld sparen hilft, zeigt sich schon bei der Wahl des richtigen Fortluftgitters. Achtet man nicht auf ausreichenden Querschnitt, Lamellenabstand und Maschenweite des Schmutzfanggitters, so können aus 5 Pa Druckverlust schnell 15 Pa werden. Bei einem Strompreis von 17 Cent sowie einer Luftmenge von 160 m³/h kostet der zusätzliche Strom für 25 Jahre Betrieb ca. 100 €.

Durch etwas größere Rohrdurchmesser auf der Zu- und Abluftseite spart man leicht jeweils 25 Pa ein, dies sind bei 25 Jahren Betrieb schon rund € 500,– an eingesparten Stromkosten für den Zu- und Abluftventilator unter der Annahme eines konstanten Ventilatorwirkungsgrads von 17,5 %. Eine sorgfältige Planung und Auslegung schont also nicht nur die Umwelt, sondern auch den Geldbeutel.

- Außenluftansaugung bzw. Fortluftauslass max. 5 Pa
- Luft-Erdwärmeübertrager max. 15 Pa oder Sole-Luft-Wärmeübertrager max. 5 Pa
- optimierte (kurze) Luftleitungsführung, Gerät möglichst nahe an der Gebäudehülle
- glatte Luftleitungen (falls Flexschläuche, nur mit innen glattwandigem Inlay)
- Bögen und Formstücke mit möglichst geringem Druckabfall
- geringe Luftgeschwindigkeiten von max. 2 m/s in Luftleitungen zu den einzelnen Räumen bzw. max. 2,5 m/s in der Sammelleitung
- große Taschen- bzw. Kassettenfilter mit max. 20 Pa (falls extern, sonst Verluste im internen Druckverlust des Geräts enthalten)
- Vorheizregister max. 5 Pa
- Nachheizregister max. 5 Pa
- Überströmöffnungen max. 2 Pa
- Brandschutzeinrichtungen mit möglichst geringem Druckabfall (Klappenblätter nicht im Luftstrom

Beachtet man diese Hinweise, so sind auch im Einfamilienhaus externe Druckverluste unter 60 Pa erreichbar. Im Mehrfamilienhaus mit kleinen Wohneinheiten und kurzen Leitungswegen sollte dies ohnehin kein Problem sein.

Eine wesentliche Ursache hoher Druckverluste können verschmutzte Filter sein. Generell sollte man sich die Wirtschaftlichkeit von Filtern genauer ansehen. Hier ist nicht immer der im Einkauf günstigste Filter auch der wirtschaftlichste, weil die Stromkosten im Betrieb durch hohen Druckabfall stark zu Buche schlagen (siehe hierzu auch Kapitel 7.14).

Die Geräte werden für die Zertifizierung mit einer externen Pressung von 100 Pa (d. h. an jedem Gerätestutzen, also Außen-/Zu-/Ab- und Fortluft jeweils 50 Pa) beaufschlagt. Hierfür wird die spezifische Leistungsaufnahme in Wh/m³ ausgewiesen. Mit geschickter Planung und kurzen Netzen können Sie jedoch deutlich günstigere Werte in Ihrer Anlage erreichen. Mittels Druckverlustberechnung können Sie diesen Wert relativ genau bereits im Voraus berechnen.

Eine Druckverlustberechnung ist aber nicht nur für die Effizienzabschätzung nützlich, sondern hilft auch bei der Auswahl eines passenden Lüftungsgeräts, denn mithilfe der sogenannten Netzkennlinie (Druck-Volumenstrom-Kennlinie) und der Ventilatorkennlinie (Druck-Volumenstromkennlinie einer bestimmten Ventilatorstufe) kann der Betriebspunkt (Schnittpunkt der Kennlinien) bestimmt werden. Vom Hersteller bekommen Sie nicht nur die Ventilatorkennlinien, sondern auch die Angabe über die Effizienz in den unterschiedlichen Bereichen des Betriebspunkts. Weil diese Bereiche i. A. die Form einer Muschel annehmen, wird dieses Diagramm auch als „Muscheldiagramm" bezeichnet. Ziel der Geräteauswahl ist es nun, ein Gerät mit Ventilatoren zu finden, das für den gewünschten Einsatzbereich (maximale <u>und</u> minimale Volumenströme einstellbar) mit hoher Effizienz im Bereich der häufigsten Betriebspunkte liegt.

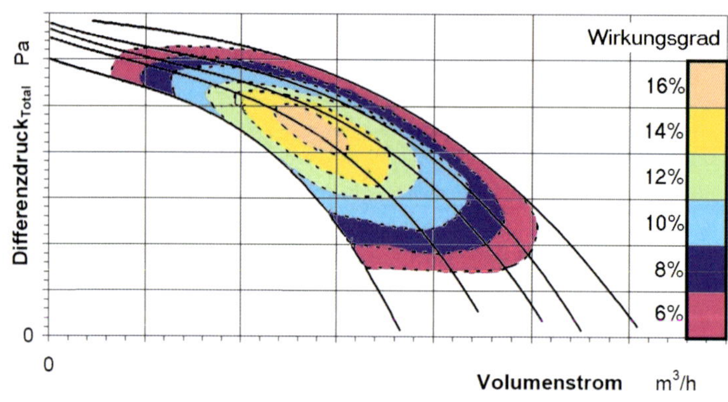

Abbildung 7.1
Beispiel für ein Muscheldiagramm: Ventilatorkennlinien und Ventilatoreffizienz

Der Betriebspunkt, also der Schnittpunkt der momentanen Anlagenkennlinie mit der Kennlinie des Ventilators, sollte immer so gewählt werden, dass er rechts vom Wirkungsgradoptimum liegt. Links vom Optimum kann der Ventilator instabiles Laufverhalten zeigen. Sinkt der Wirkungsgrad zu weit ab, sollte ein größerer Ventilator gewählt werden, um den Energieverbrauch und die Schallemission des Ventilators zu reduzieren.

Wie in Abbildung 7.2 gezeigt, steigt mit der Filterstandzeit die Druckdifferenz am Filter durch die Verschmutzung an. Die Kennlinie wird steiler, der Betriebspunkt wandert nach links.

Diese Druckzunahme ist bei der Ventilatorauslegung zu beachten, damit der Ventilatorbetrieb nicht instabil wird. Würde man den Betriebspunkt bei der Auslegung exakt auf dem Wirkungs-

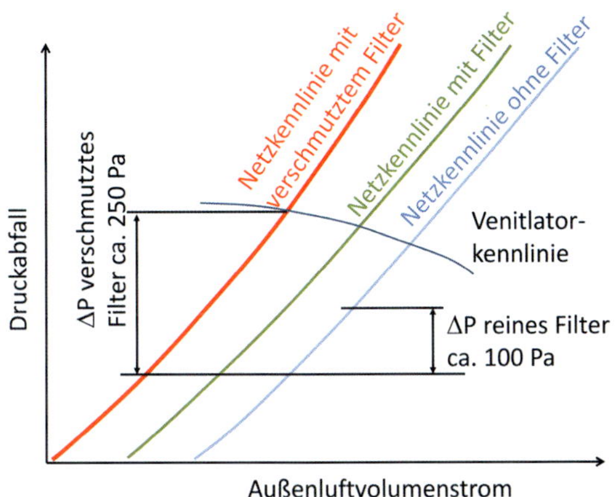

Abbildung 7.2 Betriebspunkt wandert mit zunehmender Filterverschmutzung auf der Ventilatorkurve nach links.

gradoptimum wählen, so sänke der Wirkungsgrad mit zunehmender Filterverschmutzung. Wird der Betriebspunkt dagegen rechts vom Optimum ausgelegt, läuft er im Betrieb auf sein Optimum hin.

7.1 Druckverlustberechnung

Bei der Berechnung der externen Pressung addiert man alle Druckabfälle entlang des gesamten Lüftungsstrangs auf, dabei wählt man den Strang mit dem höchsten Druckabfall. Alle anderen Stränge müssen auf den gleichen Druckabfall eingedrosselt werden. Nach Bernoulli berechnet sich der Druckabfall in Abhängigkeit des Volumenstroms nach folgender Formel:

Druckverlust der gesamten Lüftungsanlage

$$\Delta p = l \cdot R + Z$$

Druckverlust eines geraden Kanalstücks

$$\Delta p = \lambda \cdot \frac{l}{d_{\mathrm{H}}} \cdot \frac{\varrho}{2} \cdot w^2$$

mit

$\Delta p =$ Druckdifferenz in Pa

$l =$ Rohrlänge in m

$R =$ Druckgefälle je m Kanallänge in Pa/m

$Z =$ Druckverlust von Einzelkomponenten in Pa

$\lambda =$ Reibungszahl

$\rho =$ Dichte in kg/m^3

$W =$ mittlere Luftgeschwindigkeit in m/s

$d_{\mathrm{H}} =$ hydraulischer Durchmesser in m = 4 · A/U

$A =$ Querschnittsfläche in m^2

$U-$ Umfang in m

Rundkanal: $d_H = D_i$ in m

Rechteckkanal: $d_H = 2\,a\,b\,/\,(a + b)$ in m

Abbildung 7.3 zeigt den Druckverlust von Wickelfalz-Rundrohr mit den verfügbaren Nenndurchmessern in Abhängigkeit des Volumenstroms.

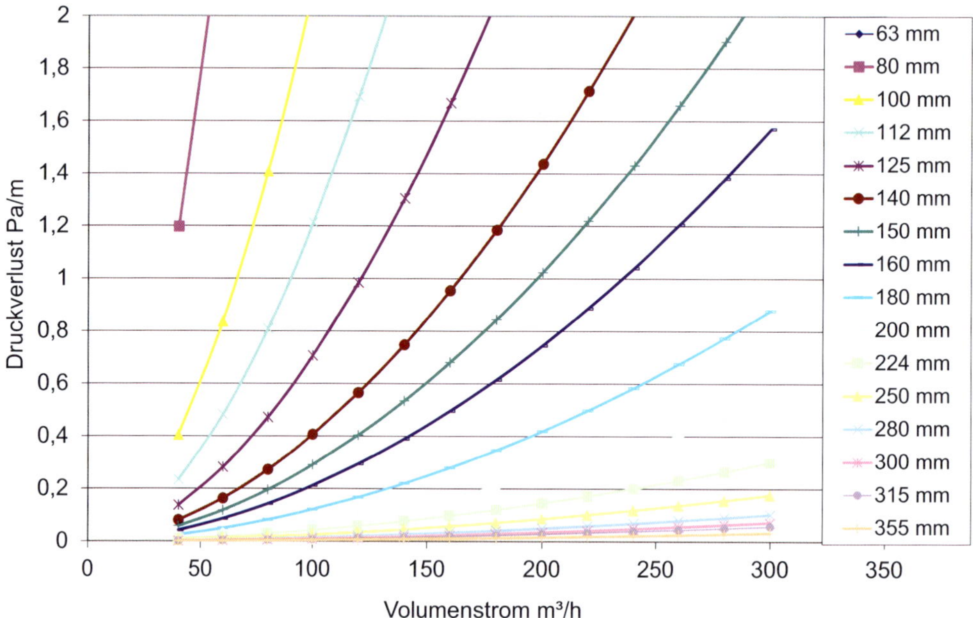

Abbildung 7.3 Druckverlust von Wickelfalz-Rundrohr mit den verfügbaren Nenndurchmessern (DN in mm) in Abhängigkeit des Volumenstroms (Quelle: [Pfluger 2004], Passivhaus Institut GmbH)

Wie in Kapitel 7.8.3 erläutert, weisen Flachkanäle gegenüber Rundrohren einen höheren hydraulischen Durchmesser auf. Dieser kann jedoch bezüglich des Druckabfalls durch Vergrößerung der Querschnittsfläche überkompensiert werden. In Abbildung 7.4 deutet die untere Linie die lichte Höhe von 160 mm einer Abhangdecke an. Mit entsprechenden Flachkanälen kann mit gleichem Druckabfall signifikant an Aufbauhöhe eingespart werden.

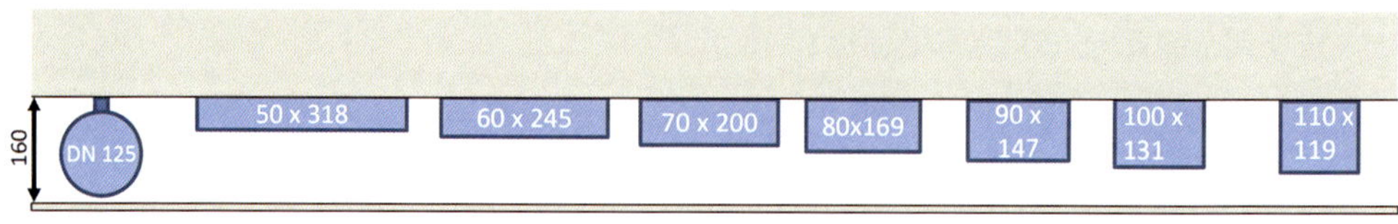

Abbildung 7.4 Druckverlustäquivalente Flachkanalquerschnitte im Vergleich zu einem DN 125 Rundrohr (Quelle: [Pfluger 2004], Passivhaus Institut GmbH)

Abbildung 7.5 zeigt die Mindestbreite eines Flachkanals an, der den gleichen Druckabfall wie ein Wickelfalz-Rundrohr mit dem jeweils angegebenen Nenndurchmesser aufweist.

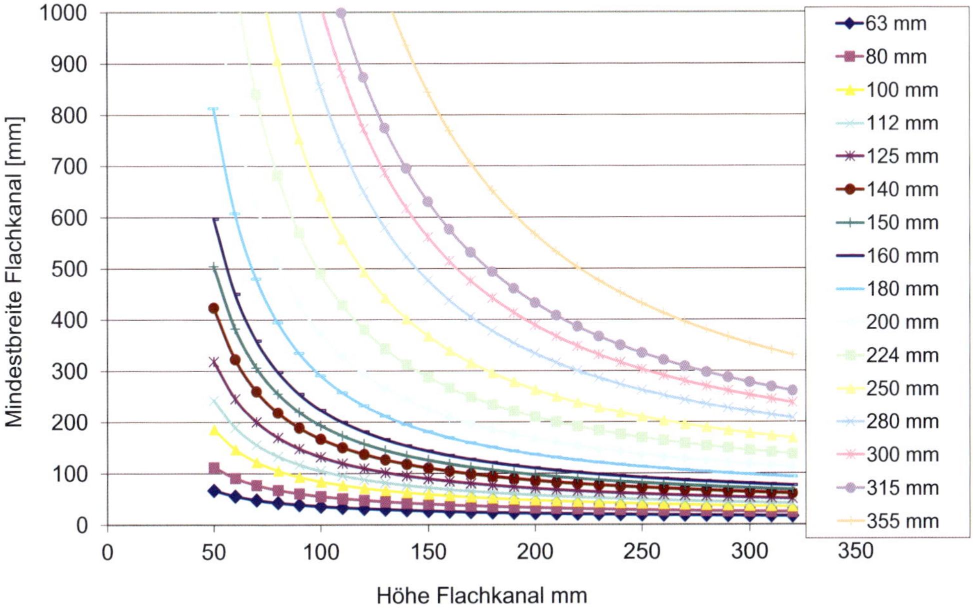

Abbildung 7.5 Druckverlustäquivalente Flachkanäle (Quelle: [Pfluger 2004], Passivhaus Institut GmbH)

Zur Vereinfachung der Berechnung steht unter https://passiv.de/de/05_service/02_tools/02_tools.htm ein Tool zur Berechnung für Rund- bzw. Rechteckkanäle und Formstücke zur Verfügung. In der Excel-Tabelle muss lediglich der abschnittsweise Druckabfall Zeile für Zeile aufaddiert werden.

Für die professionelle Lüftungsplanung stehen heute 3D-Konstruktionstools zur Einbindung in Autocad mit entsprechender Berechnungssoftware für Druckabfall und Schall zur Verfügung (z. B. CAD-Vent von Lindab http://www.lindab.com/de/pro/downloads/ventilation/Software/Pages/CADvent.aspx bzw. Hottgenroth https://www.hottgenroth.de/M/SOFTWARE/Heizung/Klima/Sanitaer/Lueftungsplaner-3D/Seite.html,160393,104461).

7.2 Außen-/Fortluftkanäle

Soll das Wärmerückgewinnungsgerät innerhalb der wärmegedämmten Gebäudehülle (also im warmen Bereich) aufgestellt werden, besteht für alle Außen- und Fortluftkanäle Kondensatgefahr, weil die Kanäle bei geringen Außentemperaturen unter den Taupunkt abkühlen können. Daher sind diese Leitungen mindestens 50 mm mit diffusionsdichter Wärmedämmung fugenfrei zu dämmen. Diese Dämmung ist nicht nur vom Material her besonders teuer, sondern erfordert auch handwerklich auf der Baustelle sehr sorgfältiges und damit zeitintensives Arbeiten. Aber nicht nur aus Kostengründen, sondern auch aus Platz- und Effizienzgründen sind diese

Leitungen möglichst kurz zu halten. Im Umkehrschluss bedeutet das auch, dass die Geräte möglichst nahe an die wärmegedämmte Gebäudehülle platziert werden sollen. Bei der Planung und der Kanalverlegung sowie bei den Durchführungen ist jeweils die volle Dämmstärke zu berücksichtigen.

Aus den genannten Gründen lässt sich bereits erkennen, welche Vorzüge eine Außenaufstellung oder Wandintegration bietet, denn dann können diese Kanalabschnitte häufig vollständig entfallen.

Seitens der Materialien können entweder normale Rohre und Kanäle bauseits mit diffusionsdichten Dämmschäumen bekleidet werden oder fertig gedämmte diffusionsdichte Koaxialrohre verwendet werden (siehe hierzu auch im Bereich der Produkte aus der Kältetechnik, denn kälteführende Leitungen haben genau dieses Problem). Ein anderes bauphysikalisch ebenfalls funktionsfähiges Prinzip für den Außenluftkanal ist es, sowohl die Wärmedämmung als auch den Kanal diffusionsoffen zu gestalten. Dann wird der eindringende Wasserdampf nicht auskondensieren, sondern vom trockenen Außenluftstrom aufgenommen.

Eine Problematik bei den Außen- und Fortluftkanälen stellt die Wanddurchführung dar, welche normalerweise mittels zweier Kernlochbohrungen unter Berücksichtigung der Dämmstärke realisiert wird. Um die Zahl der Kernlochbohrungen zu reduzieren, wurde an der Universität Innsbruck an der Nutzung von Koaxialrohren für die Außen-/Fortluftführung gearbeitet. Diese Technologie ist aus dem Bereich der Abgasführung und Verbrennungsluftansaugung bei Gas-Brennwertgeräten bekannt. Dieses Prinzip kann auf die Lüftungstechnik übertragen werden. Dabei wird die Fortluft im Innenrohr und die Außenluft im Außenrohr geführt. Die nachfolgende Tabelle listet die erforderlichen Durchmesser auf, wenn auf gleichen Druckabfall im Innen- und Außenrohr geachtet wird.

Tabelle 7.1 Berechneter Durchmesser des Außenrohrs (d_a) sowie nächstgelegener verfügbarer Nenndurchmesser (DN_a) für die jeweils verfügbaren Nenndurchmesser des Innenrohrs (d_i) ohne Berücksichtigung der Wandstärke (Quelle: [Pfluger, 2013])

d_i mm	d_a mm	DN_a mm	d_i mm	d_a mm	DN_a mm
75	120	125	400	596	600
90	142	160	450	668	710
100	158	160	500	739	710
125	195	**200**	560	825	800
140	217	200	600	883	900
150	232	250	630	924	1000
160	247	**250**	710	1038	1000
180	277	300	800	1165	1250
200	306	300	900	1308	1400
250	379	400	1000	1448	1400
300	451	450	1120	1619	1800
355	531	560	1250	1800	1800

Abbildung 7.6 Koaxialrohr mit elektrischer Heizmatte (Frostschutz) als Ummantelung des Außenrohrs (Quelle: [Sibille 2015])

Dabei wird zwar für die Wanddurchführung ein größerer Durchmesser erforderlich, man benötigt jedoch nur noch eine statt zwei Kernlochbohrungen. Ein weiterer Vorteil besteht in den geringeren Wärmeverlusten. Im Koaxialrohr tritt zwischen Außen- und Fortluft eine Wärmeübertragung im Gegenstromprinzip auf. Dies stellt praktisch eine Vergrößerung des Wärmeübertragers dar und führt sogar zu einer Erhöhung der Gesamteffizienz. Eine Dämmung ist also zwischen diesen Rohren nicht sinnvoll. Zu beachten ist allerdings, dass es im Fortluftrohr zu Kondensat kommen kann, das kontrolliert abgeführt werden muss (Anordnung im Gefälle). Gedämmt wird die Außenoberfläche des Außenrohrs. Dieses hat zwar im Vergleich mit der klassischen Luftführung durch zwei gleich große Außen- bzw. Fortluftrohre einen größeren Durchmesser, die Transmissionsfläche ist insgesamt aber geringer und beschränkt sich auf die Außenluft. Als nachteilig stellt sich der Aufwand für die „Entflechtung" der Luftströme dar, weil hier eine Durchdringung des Außenluftkanals mit der Fortluft erforderlich wird. Sollte sich diese Art der Luftführung durchsetzen, könnte das Problem am Lüftungsgerät mit entsprechenden Anschlussmöglichkeiten direkt für Koaxialrohre gelöst werden. Gemeinsam mit der Fa. Poloplast wurden erste Prototypen aus Kunststoff an der Universität Innsbruck entwickelt, gefertigt und getestet. Dabei wurden auch, wie im nachfolgenden Kapitel erläutert, Prototypen für wandintegrierte Außenluftansaugungen und Fortluftauslässe speziell für Koaxialrohre gebaut und getestet. Darüber hinaus wurde die Möglichkeit untersucht, das Außenrohr mit einer elektrischen Heizmatte zu ummanteln, um den Frostschutz für das Lüftungsgerät sicherzustellen.

Diese Variante hat gegenüber den klassischen Heizregistern mit Lamellen den Vorteil, dass nur glattwandige Oberflächen im Außenluftkanal vorhanden sind, welche sich leichter reinigen lassen als Lamellen. Die Gefahr der Verunreinigung von Heizregistern ist insbesondere dann zu beachten, wenn diese in Strömungsrichtung vor dem Außenluftfilter angeordnet sind. Wie in Kapitel 7.14.1 empfohlen, sollte aus Gründen der Vermeidung derartiger Verunreinigungen ein frontständiger Filterkasten gesetzt werden. In umgekehrter Anordnung erreicht man durch die Vorheizung jedoch einen Trocknungseffekt und damit eine aus hygienischer Sicht günstigere Situation. Das Koaxialrohr bietet darüber hinaus gegenüber klassischen Außenluftkanälen den Vorteil einer günstigen Wärmeübertragung mit großer Fläche. Man benötigt dabei weniger als die Hälfte der Länge (siehe hierzu die Berechnungsergebnisse in [Pfluger 2013]).

Beim Koaxialrohr stellt sich der Aufwand für die Entflechtung der Kanäle sowie die Reinigbarkeit als nachteilig heraus. Beides ist bei der Bauweise als *mittig geteiltes Rohr* einfacher.

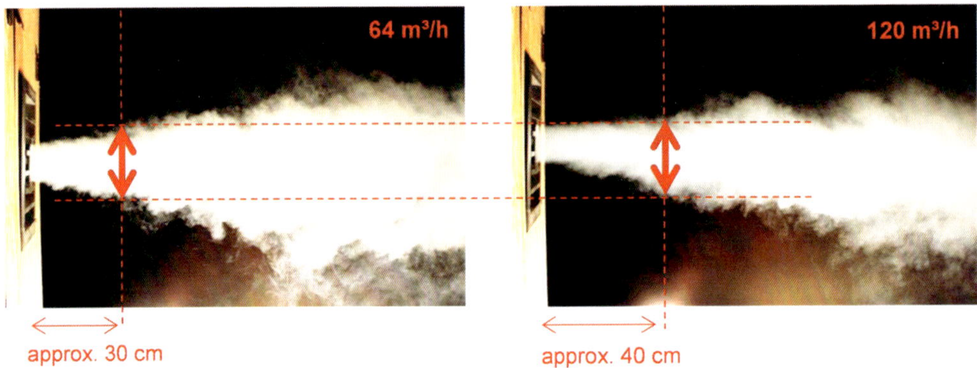

Abbildung 7.11 Strömungsvisualisierung bei 64 m³/h (links) bzw. 120 m³/h (rechts), Durchmesser des Strömungskegels von 20 cm bei einer Entfernung von ca. 30 bzw. 40 cm von der Austrittsdüse (Quelle: [Sibille 2013])

7.3.4 Ansaughöhe über Erdgleiche

Eine Ansaugung direkt über Erdgleiche (Gefahr der Ansaugung von Keimen, Staubbelastung und insbesondere Radon aus dem Erdreich, Verschluss der Ansaugung durch Schnee) sowie in engen Gruben und Schächten ist nicht zulässig. Bei Radon-belastetem Gebiet sollte sich die Luftansaugung zumindest 3 m über Grund befinden. Eine Höhe von zumindest 1,5 m sollte schon aus Gründen der Schneefreiheit eingehalten werden, siehe Abbildung 7.12.

Je nach Aufstellort des Wärmerückgewinnungsgeräts werden die Außen-/Fortluftkanäle relativ lang. Dabei ist wieder zu beachten, dass sie nicht über größere Strecken im warmen Bereich geführt werden. Der Vertikalverzug für ein Gerät im Keller oder im EG sollte daher außen entlang

Abbildung 7.12 Außenluftansaugung und Fortluftauslass (© BSP GmbH)

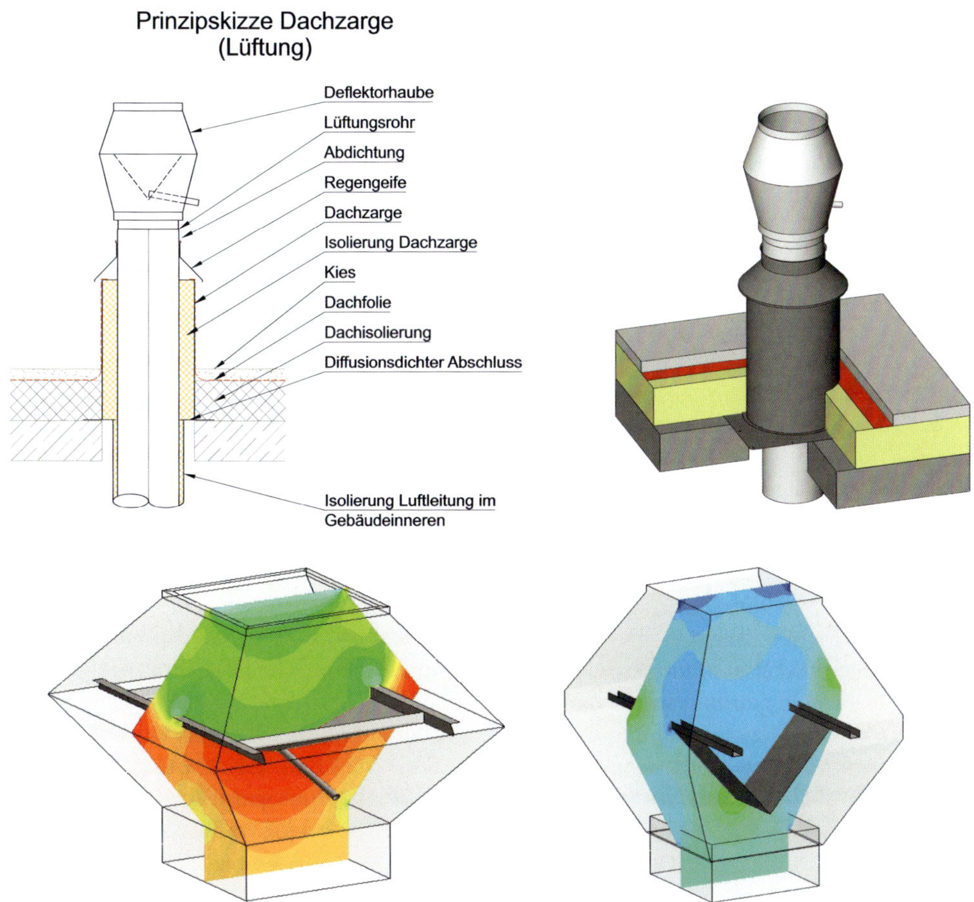

Abbildung 7.13 Deflektorhauben, Einbau im Flachdach (oben, Quelle: LKM Lüftung-Haustechnik GmbH & Co. KG) und Strömungssimulation (unten, Quelle: BerlinerLuft. Technik GmbH)

der Wand geführt werden, weil sonst eine mit hohen Kosten und Verlusten verbundene diffusionsdichte Dämmung erforderlich ist. Die Komplikationen mit der Ansaughöhe und den damit verbundenen Kanallängen sprechen ebenfalls für die Präferenz einer Außenluftansaugung über Dach. In diesem Fall sollte das Wärmerückgewinnungsgerät natürlich auch im Dachbereich aufgestellt werden. Auch die Fortluft kann in diesem Fall auf kürzestem Wege über Dach abgeführt werden. Hierzu wird häufig eine sog. Deflektorhaube eingesetzt (siehe Abbildung 7.13). Diese bläst die Luft mit erhöhter Geschwindigkeit ins Freie, der Druckverlust hält sich dabei dennoch in Grenzen. Im Inneren der Haube befindet sich eine Regenwasserableitung, die breiter als die Fortluftöffnung ist. Würde man anstelle der Deflektorhaube ein Dach als Regenschutz benutzen, würde die Fortluftfahne seitlich austreten und somit weniger hochsteigen. Die Gefahr der Kurzschlussströmung in die Außenluftansaugung wäre somit höher.

7.4 Vertikal- bzw. Horizontalverzug bei zentralen Lüftungsanlagen

Generell sind die Kanäle von Lüftungsanlagen so kurz wie möglich zu halten, um Druckverlust, Platz und Kosten zu sparen. Darüber hinaus reduziert sich auch der Aufwand für Wartung und Reinigung.

Gerade bei zentralen Anlagen sind Überlegungen zum optimalen Aufstellungsort und zur Anzahl der Wärmerückgewinnungsgeräte für die Kanallängen in der Planungsphase entscheidend. Für die Investitions- und Wartungskosten der Zentralgeräte sind wenige große Geräte eigentlich von Vorteil. Hinsichtlich des Zu- und Abluftkanalnetzes sind jedoch mehrere kleinere Geräte zu empfehlen, weil dann der Horizontalverzug der Kanäle reduziert werden oder sogar ganz entfallen kann. Dies ist insbesondere in der Altbausanierung von Bedeutung, da in diesem Fall das verfügbare Platzangebot ausreichen muss. Nachfolgend werden unterschiedliche Möglichkeiten für den nachträglichen Einbau von vertikalen und horizontalen Lüftungskanälen in Bestandsbauten aufgezeigt und ihre Vor- und Nachteile erläutert.

7.4.1 Vertikalverzug

Der vertikale Kanalverzug stellt im Altbau die größte Herausforderung dar, da hierfür in den meisten Fällen keine Schächte vorhanden sind. Der Einsatz dezentraler (wohnungsweiser) Lüftungsgeräte bietet in diesen Fällen den Vorteil, dass auf den Vertikalverzug gänzlich verzichtet werden kann. Damit entfallen auch die Probleme mit dem Brandschutz (siehe hierzu Kapitel 7.5). Soll dennoch mit zentralen Geräten gearbeitet werden, so bieten sich nachfolgende Optionen je nach baulichen Gegebenheiten im Bestandsgebäude an.

7.4.1.1 Errichtung neuer Schächte

Werden Lüftungsschächte in Neubauten nach Möglichkeit bereits in der frühen Planungsphase eingeplant, sind in älteren Bestandsbauten nur in Ausnahmefällen überhaupt Schächte und diese meist mit zu geringen Querschnitten vorhanden. Je nach Deckenaufbauten und Statik können zwar auch in Bestandsbauten neue Schächte eingebracht werden. Es geht dadurch jedoch wertvoller Wohnraum verloren. Darüber hinaus sind die Bauarbeiten mit viel Lärm und Staub verbunden. Das Schremmen von rechteckigen Deckendurchbrüchen ist dabei deutlich aufwändiger als Kernlochbohrungen, die heute auch im Stahlbeton mit diamantbesetzten und wassergekühlten Kernbohrern durchgeführt werden.

7.4.1.2 Nutzung alter Schächte

Die Nutzung bestehender Schächte im Bestand hat weitreichende Vorteile. Der Eingriff in die bestehenden Wohnungsgrundrisse, wie er bei der Errichtung neuer Schächte erforderlich wäre, entfällt. Voraussetzung ist allerdings, dass die Schachtquerschnitte für die Zu- und Abluftsteigstränge ausreichen. Häufig ist dies, wenn überhaupt, nur für die Abluft der Fall, weil bereits, je nach Baualtersklasse des Bestandsgebäudes, Lüftungsschächte für die Entlüftung für Bad, Küche oder WC vorhanden sind. Gerade diese Schächte sind jedoch für die Nachrüstung der Komfortlüftung besonders wertvoll, weil dadurch die Abluft mit extrem kurzen Leitungswegen abgeführt werden kann. Für die Zuluftführung sind dann andere Lösungen (siehe z. B. Kapitel 7.4.1.3, 7.4.1.4 oder 7.4.1.5) zu wählen.

7.4.1.3 Nutzung stillgelegter Kaminzüge

Im Zuge der Gebäudemodernisierung sinken die Heizlasten. Häufig wird dann auch von Einzelraumöfen auf moderne Heizsysteme (Wärmepumpen etc.) oder Zentralheizungen umgestellt. Die Kaminzüge der Einzelöfen können dann evtl. für die vertikale Kanalführung von Lüftungsleitungen herangezogen werden. Allerdings sind die Querschnitte relativ gering. Dafür stehen für jede Wohneinheit eigene Kaminzüge zur Verfügung. Die Kanäle werden daher von der Zentrale ausgehend auf die einzelnen Wohneinheiten verzweigt.

Als problematisch für das Einziehen von Lüftungskanälen stellt sich häufig heraus, dass die gemauerten Kamine weder genau fluchtend noch mit glatten Oberflächen ausgestattet sind. Zwar können Kamine mit Fräsen ausgefräst werden, diese Arbeiten sind allerdings mit hohen Kosten verbunden. Speziell für die Lüftungstechnik geeignete Flexkanäle (außen wellig, innen glattwandig) können sich dem Verlauf des Kaminzugs anpassen. Erfahrungsgemäß bleiben die Wellen jedoch leicht an Unebenheiten hängen. Das Durchziehen bzw. Schieben ist gerade bei mehreren Stockwerken sehr mühsam bzw. teilweise sogar unmöglich. Es sind dann besonders flexible Schläuche erforderlich.

Alternativ sind sogenannte „Reliner" verfügbar. Diese können in Kaminzüge eingeführt und zur Auskleidung an die Kaminwand angelegt werden. Das System von Ahrens z. B. besteht aus glasfaserverstärktem thermohärtenden Kunstharz. Bei der Anlieferung liegt er als biegsamer, weicher Schlauch vor, der in zusammengelegter Form einen geringen Platz beansprucht. Vor dem Auskleiden muss der Kamin allerdings entsprechend vorbereitet werden. Der Vorteil liegt darin, dass der Querschnitt des Sanierungs-Reliners und seine geometrische Form auch innerhalb eines einzigen Schachts mehrfach verändert werden können.

Abbildung 7.14 Sanierungs-Reliner (Quelle: Ahrens Schornsteintechnik GesmbH)

Größere zentrale Kaminquerschnitte können auch für Lüftungskanäle genutzt werden. In diesem Fall kann mit Abzweigen gearbeitet werden. Es muss also nicht jede Wohneinheit einzeln angebunden werden. Dabei ist allerdings der Brandschutz zu beachten (siehe Kapitel 7.5).

7.4.1.4 Nutzung des Treppenauges

Um Deckendurchbrüche in den Wohneinheiten zu vermeiden, bietet sich das Treppenauge im zentralen Treppenhäusern an, falls diese noch unverbaut sind. Häufig wurden sie bereits für den nachträglichen Einbau von Aufzügen genutzt. Manchmal bleibt jedoch daneben noch Platz für Lüftungskanäle, die dann entlang des Aufzugsschachts geführt werden können.

Ist dies jedoch nicht der Fall, ist es immer noch leichter, die Treppenpodeste (Statik prüfen!) in den Ecken mit Kernlochbohrungen zu versehen, um die Kanäle dort zu verlegen und ggf. mit Gipskarton o. Ä. zu verkleiden.

In beiden Fällen sind die Kanäle anschließend vom Treppenhaus mit entsprechender Brandschutzvorkehrung in die Wohnungen zu führen, weil an dieser Stelle die Brandschutzzone (Treppenhaus/Wohnung) gewechselt wird.

7.4.1.5 Kanalführung an der Außenwand

Wie bereits erwähnt, ist der Platz für vertikale Leitungsführung in bestehenden Gebäuden häufig nicht vorhanden. Es bleibt dann nur die Kanalführung an der Außenwand, siehe Abbildung 7.15. Handelt es sich dabei um Zu- bzw. Abluftkanäle, so sind diese innerhalb der wärmegedämmten Gebäudehülle zu führen. Im Zuge der thermischen Sanierung kommt diese Lösung also nur in Frage, wenn ohnehin eine außenliegende Wärmedämmung (z. B. Wärmedämmverbundsystem) aufgebracht werden soll. Die Wärmedämmung wird dann über die Kanäle gezo-

Abbildung 7.15 Kanalführung in der Außenwanddämmung, Baustelle der „Neue Heimat Tirol", Löhnstraße, Innsbruck

gen. Dabei ist auf ausreichende Überdämmung zu achten, damit an dieser Stelle keine zu starken Wärmebrücken auftreten. Ideal sind Dämmstärken über 20 cm bzw. zweilagig ausgeführte Dämmungen, bei denen die Überdämmung zumindest 12 cm beträgt.

Um die Schwächung der Wärmedämmung gering zu halten, kann auch mit Flachkanälen gearbeitet werden. In jedem Fall ist jedoch auf ausreichende Dämmstärke zu achten, damit noch ausreichend Überdeckung der Kanäle verbleibt. Alternativ kann die Wärmedämmung an dieser Stelle noch verstärkt oder ein eigener wärmegedämmter Schacht vorgestellt werden, wenn dies aus architektonischer Sicht möglich ist. Um diesen Aufwand zu rechtfertigen, kann auch die zusätzliche Leitungsführung von Wasser und ggf. zentraler Heizwärmeverteilung überlegt werden.

Zu bedenken sind bei der Kanalführung im Wärmedämmverbundsystem sowohl der Brandschutz als auch die Zugänglichkeit, die normalerweise nicht zerstörungsfrei möglich ist.

Beispiele für ausgeführte Anlagen mit der Kanalführung in der Dämmebene werden in Kapitel 9.2 dargestellt.

7.4.2 Horizontalverzug

Große Lüftungszentralen können Vorteile in Bezug auf Investitions- und Wartungskosten aufweisen. Als nachteilig stellt sich jedoch heraus, dass neben den Steigleitungen häufig auch ein Horizontalverzug von Lüftungskanälen erforderlich wird, um weiter entfernt liegende Schächte bzw. Wohneinheiten anbinden zu können. Die Zu- und Abluftkanäle sind auch horizontal wieder im warmen Bereich zu führen, egal ob im Dach- oder Kellerbereich. Soll der Dachraum oder der Keller im Zuge der Sanierung ohnehin zum warmen Bereich ausgebaut werden, so können diese Kanäle ohne Wärmedämmung auskommen (siehe Abbildung 7.16, zur vollständigen Beschreibung des Projektbeispiels siehe Kapitel 9.3.1). Dies ist z. B. bei Zwischen- und/oder Aufsparrendämmung der Fall; allerdings wird dann der Dachraum in aller Regel auch für Wohnzwecke genutzt. Im Fall eines kalten Kellers (Dämmung der Kellerdecke) oder Dachbodens (z. B. Dämmung der obersten Geschossdecke) müssen die Kanäle wieder in der Dämmung geführt werden.

Abbildung 7.16 Zuluftkanäle und Schalldämpfer im warmen Dachraum (links), Gleichstromventilatoren mit einem Nennvolumenstrom von je 270 m³/h (rechts) (Quelle: Stärz, N., InPlan Ingenieurbüro, Pfungstadt)

Abbildung 7.17 Horizontale Leitungsführung im Fußbodenaufbau mit Ovalkanal (links, Quelle: Speer, Chr.) bzw. Rundkanal (rechts, Quelle: Music, A., Alpsolar Klimadesign OG)

Der Horizontalverzug der Kanäle erfolgt innerhalb der Wohneinheit normalerweise in der Abhangdecke oder es werden im Eckbereich Abkofferungen vorgenommen (siehe nachfolgendes Kapitel). Eingießen in die Betondecke ist im Altbau ausgeschlossen, dafür können ggf. Flachkanäle im Fußbodenaufbau geführt werden, siehe Abbildung 7.17.

7.4.2.1 Deckenabhängung bzw. Abkofferung

Der Horizontalverzug der Kanäle erfolgt innerhalb der Wohneinheit normalerweise in der Abhangdecke oder es werden im Eckbereich Abkofferungen vorgenommen. Häufig stellt sich die notwendige lichte Raumhöhe dabei als limitierend heraus. Mit dem Einsatz von Weitwurfdüsen (siehe Kapitel 7.9) wird in den Wohnräumen keine Deckenabhängung mehr benötigt. Die Zuluftkanäle und Schalldämpfer werden nur im Flur verlegt und von dort mit Kehrlochbohrungen über den Türen in die Wohn- und Schlafräume geführt. Hinzu kommen noch die Abluftkanäle aus Küche, Bad und WC. Neben den Lüftungskanälen können natürlich auch weitere Haustechniksysteme (Kalt- und Warmwasser sowie Elektroleitungen und Einbauleuchten) in der *Abhangdecke* geführt werden, die darüber hinaus auch noch raumakustische und schallschutztechnische (Vorsatzschale für verbesserten Trittschallschutz) Funktionen übernehmen kann. Der Aufwand für die Deckenabhängung ist damit seitens der Investitionskosten also nicht ausschließlich der Lüftungsanlage zuzurechnen.

Als nachteilig stellt sich bei dieser Verlegeform heraus, dass die *lichte Raumhöhe* im Flurbereich reduziert wird. Vorgaben für die Mindestraumhöhe von Verkehrs- und Aufenthaltsräumen sind in den jeweiligen Landesbauordnungen festgelegt. Viele Landesbauordnungen in Deutschland haben sich inzwischen an die Musterbauordnung angeglichen. Demnach müssen Aufenthaltsräume eine lichte Raumhöhe von mindestens 2,40 m haben. Flure stellen aber keine Aufenthaltsräume dar und können, zumindest teilweise, auch geringere Raumhöhen aufweisen. Dennoch ist natürlich schon aus optischen Gründen und in Bezug auf den Wohnkomfort eine möglichst große Raumhöhe erwünscht. Daher werden nachfolgend verschiedene Maßnahmen zur Minimierung des Raumhöhenverlusts durch die Deckenabhängung erläutert.

Den primären Einfluss auf die lichte Höhe der Deckenabhängung üben die *Schalldämpfer* und nicht das Kanalnetz selbst aus, denn sie stellen eine Durchmessererweiterung dar, die für die Schalldämpferpackung benötigt wird. Erst mit dem Einsatz von *Rechteck- bzw. Flachschalldämpfern* können Deckenabhängungen unter 30 mm erreicht werden. Mit klassischen *Rundschalldämpfern* werden bis zu 50 mm Höhe benötigt.

Als problematisch im Hinblick auf die Deckenabhängung stellen sich im Altbau häufig unvermeidliche Auskreuzungen von Luftkanälen dar, wenn z. B. Ablufträume auf beiden Seiten eines Flurs angeordnet sind. Bei der Kreuzung von Abluft- und Zuluftkanälen wird die Abhanghöhe der Zwischendecke bei niedrigen Rohdecken problematisch. Für diese Problematik stehen entweder Flachkanalkreuzungen oder eine spezielle Verteilbox zur Verfügung. Letztere ermöglicht die Auskreuzung innerhalb des Kastens mittels Formstücken. Statt zwei getrennten Verteilern ist nur eine Verteilbox notwendig. Über eine Revisionstür kann jederzeit die Reinigung aller Leitungsabschnitte vorgenommen werden.

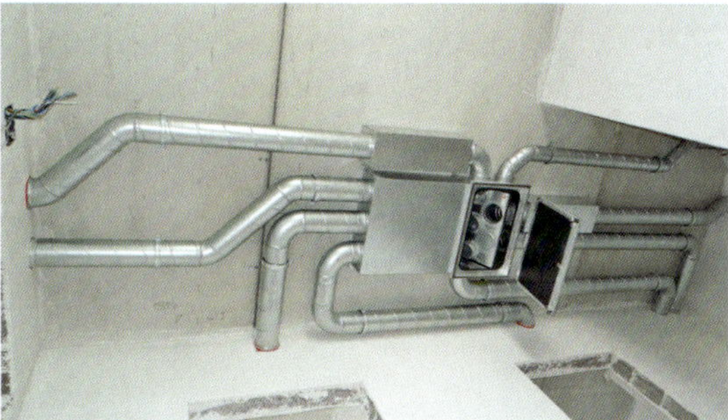

Abbildung 7.18 Problematische Kreuzung von Luftkanälen (links), kombinierte Verteilbox für Zu- und Abluft zur Auskreuzung von Luftleitungen (rechts) (Quelle: leit-wolf Luftkomfort)

Eine zusätzliche Problematik können die in die Decke einzubauenden *Leuchtensysteme* darstellen. Diese gibt es allerdings seit der Einführung der LED-Technik bereits mit sehr geringer Bautiefe.

Neben den Schalldämpfern tragen Kanalkreuzungen zusätzlich auf, sie können aber druckverlustgleich durch niveaugleiche *Flachkanalkreuzungen* gelöst werden.

Wenn anstelle von Kanalschalldämpfern Luftdurchlässe mit Schalldämpferkästen zur Wandintegration eingesetzt werden, kann zusätzlich an Aufbauhöhe gespart werden. Dann wird allein das Kanalnetz selbst limitierend. Hier kann wiederum mittels Flachkanälen Abhilfe geschaffen werden. Diese können mit der Steigerung der Querschnittsfläche druckverlustgleich wie Rundrohre verwendet werden. Noch extremer kann die Aufbauhöhe schließlich durch neuartige Verteilsysteme mit laminarer Strömung ausfallen (siehe Kapitel 4.6) oder es wird mit aktiven Überströmern gearbeitet (siehe Kapitel 4.5).

Die am häufigsten eingesetzte Bauweise für Deckenabhängungen ist die *Gipskartonplatte* (GK). Sie benötigt eine tragfähige Unterkonstruktion, die üblicherweise aus Holz- oder Metallprofilen hergestellt wird. Bei den üblichen einfach oder doppelt beplankten GK-Platten mit einer Stärke von 12,5 mm beträgt der maximale Achsabstand der Tragprofile 500 mm. Die Plattenstärke richtet sich nach den Anforderungen an Schall- und Brandschutz (verfügbare Stärken 12,5, 15, 18, 20 und 25 mm). Entsprechend variieren auch die Querschnittsanforderungen an die Unterkonstruktion. Durch die Kreuzung von *Trag-* und *Unterkonstruktion* benötigt dieser Aufbau erhebliche lichte Höhe (ca. 54 mm), die mit niveaugleichen Konstruktionen zumindest auf die Hälfte reduziert werden kann. Neben der Unterkonstruktion spielt das System der Abhängung ebenfalls eine Rolle, wenn extrem flache Systeme realisiert werden sollen. Die geringste Konstruktionshöhe erfordern die Direktabhänger.

Noch weitere Reduzierung der Konstruktionshöhe lässt sich mit *freitragenden Konstruktionen* erreichen. Dabei werden an den Längsseiten des abzuhängenden Raums L-Profilschienen befestigt, auf denen die Querprofile aufliegen. Diese nehmen die Gipskartonplatten vollständig auf. Die Gesamthöhe wird demnach nur durch die Profilhöhe bestimmt (min. 21 mm). Damit sind Spannweiten bis zu 2,5 m möglich.

Je nach Wahl des Profils ist das System entweder fest oder demontierbar. Letzteres ist vorteilhaft, wenn am verkleideten Kanalsystem Reparatur- oder Wartungsarbeiten durchgeführt werden müssen und an der betroffenen Stelle keine Revisionsklappe vorgesehen wurde.

Zwischen dem Kanalsystem und der untergehängten Decke muss ein gewisses Maß zum Ausgleich von Verarbeitungstoleranzen freigelassen werden. Dies sind je nach Abstand der Messpunktabstände 5 bis 25 mm. Darüber hinaus bleiben auch über dem Kanal oder Schalldämpfer noch ein gewisses Toleranzmaß sowie ein Abstand für die Schellenmontage. Werden Rohrschellen mittels zweier Gewindestäbe seitlich anstelle einer mittigen Befestigung montiert, so reduziert sich der notwendige Abstand von bis zu 25 mm auf nur 10-15 mm. Bei der Befestigung ist jeweils auf *Körperschallentkoppelung* zu achten, damit die Vibrationen des Kanals nicht auf die Baukonstruktion übertragen werden. Hierfür ist eine *elastische Aufhängung* (einvulkanisierte Schraubenmuttern, Gummieinlagen in den Rohrschellen) erforderlich.

Sogenannte *Spanndecken* reduzieren die Deckenabhängung nochmals um etwa die GK-Materialstärken. Hierfür werden spezielle Alu-Schienen an die Flurwände gedübelt, in welche dann die Spanndecke selbst eingebracht wird.

Eine Alternative zur Deckenabhängung kann die *Abkofferung von Lüftungskanälen* darstellen, insbesondere dann, wenn nur einzelne Kanäle und nicht verzweigte Systeme verkleidet werden sollen. Diese werden dann entlang der Wand bzw. Decke horizontal oder vertikal geführt und mit einer GK-Ecke verkleidet. Um saubere Kanten ohne Spachtelung zu erreichen, wird die GK-Platte mit einer V-Fräsung versehen und dann um 90° geknickt. Gegenüber der vollständigen Deckenabhängung haben Abkofferungen den Vorteil, dass nicht die gesamte Raumhöhe reduziert wird. Je nach Innenarchitektur kann in Einzelfällen aber auch mit unverkleideten Kanälen gearbeitet werden.

Abbildung 7.19 Vorgefertigte Dekor-Luftleitung (Werksbilder: Helios Ventilatoren Ges.mbH)

Speziell für die Sanierung und den nachträglichen Einbau wurden sogenannte Dekor-Luftleitungen entwickelt, die in den Flurecken umlaufend mit Klick-Befestigungen angebracht werden (siehe Abbildung 7.19).

7.5 Brandschutz bei zentralen Anlagen

Brandschutzanforderungen werden erst dann wirksam, wenn Lüftungsleitungen zwischen Brandabschnitten geführt werden. In diesem Fall müssen die Lüftungsleitungen selbst oder in Verbindung mit anderen Bauteilen verhindern, dass Feuer und Rauch in andere Geschosse oder Brandabschnitte übertragen werden. Die jeweiligen Anforderungen unterscheiden sich zwischen den Ländern erheblich, bei allen nachfolgend erläuterten Lösungen sind daher bei der Umsetzung die jeweils aktuell gültigen nationalen und regionalen Bestimmungen zu berücksichtigen. In Deutschland orientieren sich inzwischen praktisch alle Bundesländer an der Musterbauordnung (MBO) bzw. Muster-Leitungsanlagen-Richtlinie (MLR). In einzelnen Bundesländern können aber auch hiervon abweichende Anforderungen gestellt werden. Im Projekt E_Vent, das von der FFG in Österreich gefördert wird, wurden von Normen und Richtlinien abweichende funktionale Lösungen untersucht und dokumentiert, welche alle Brandschutzziele vollständig erfüllen und zumindest im Rahmen eines Brandschutzgutachtens auch genehmigungsrechtlich umsetzbar sind. An dieser Stelle soll daher nicht weiter auf die unterschiedlichen Lösungen eingegangen werden. Prinzipiell stellen Lösungen mit einer Vielzahl von Brandschutzklappen nicht nur ein Investitionskostenproblem, sondern auch einen erheblichen Wartungs- und Prüfaufwand dar und sollten auf jeden Fall vermieden werden.

In Österreich sind noch immer die Lösungen mit FLI bzw. FLI-VE in Kombination mit Kaltrauchsperre zulässig.

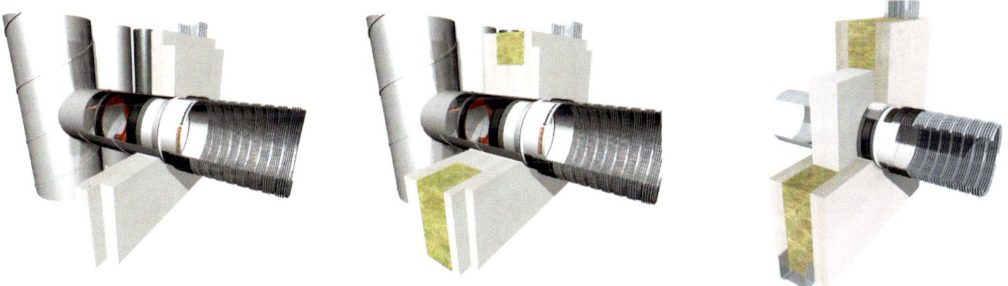

Abbildung 7.20 FLI-VE$_{(ho+ve)}$90 für den Einbau in Österreich (links und Mitte), EI90$_{(ho,ve,i<->o)}$ in Deutschland (rechts) Brandschutzklappe (Quelle: Air Fire Tech Brandschutzsysteme GmbH)

Die sogenannten FLI-VE90 sind Feuerschutzabschlüsse für Lüftungsleitungen auf Basis intumeszierender Materialien mit Verschlusselement und sind gemäß OIB-H6027 in Österreich für die Be- und Entlüftung von Wohnräumen, Küchen und Räumen mit wohnraumähnlicher Nutzung sowie Nassräumen in Wand (ho) bzw. Decke (ve) in Verbindung mit Kaltrauchsperren einzusetzen.

Aufgrund der Bauart und Funktionsweise von Feuerschutzabschlüssen ist für die in ÖNORM H6027 vorgesehenen Anwendungsfälle eine regelmäßige Kontrollprüfung nicht erforderlich.

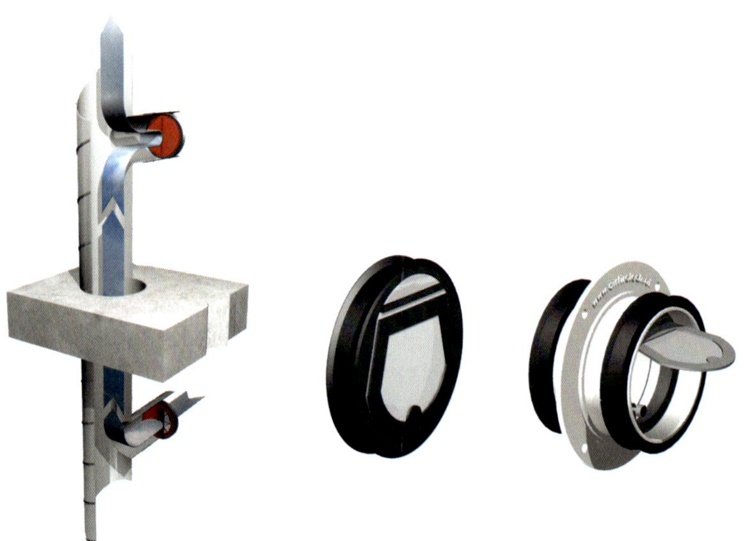

Abbildung 7.21
Kaltrauchsperre, Prinzip (links), mit Haltemagnet geschlossen (Mitte) bzw. geöffnet (rechts), (Quelle: Air Fire Tech Brandschutzsysteme GmbH)

Mit dem Ausstellen eines Installationsattests bescheinigt das Montageunternehmen den Einbau konform dem Übereinstimmungszeugnis.

In Deutschland sind die genannten Lösungen mit FLI bzw. FLI-VE nicht zulässig. Hier müssen Brandschutzklappen eingesetzt werden. Der Aufwand für Wartung und Instandhaltung kann erhebliche Kosten verursachen. Daher ist bereits bei der Planung darauf zu achten, möglichst wenige Brandschutzklappen einzusetzen. Die Wirtschaftlichkeit zentraler Anlagen ist durch den erhöhten Aufwand für den Brandschutz und die dafür anfallenden laufenden Kosten kaum mehr zu erreichen. Aus diesem Grund fällt in den letzten Jahren die Wahl immer häufiger auf wohnungsweise statt auf zentrale Anlagen.

Für die Wartung von Brandschutzklappen und die Instandhaltung ist aufgrund der gesetzlichen Vorschriften der Betreiber verantwortlich. Hierzu gehört eine regelmäßige und fachgerechte Wartung, Beseitigung festgestellter Mängel und Überwachung der Instandsetzung, Veranlassung der wiederkehrenden Prüfungen und die Dokumentation aller Maßnahmen. Für Brandschutzklappen nach DIN EN 15650 muss gemäß Liste der Technischen Baubestimmungen Teil 2 die Überprüfung unter Berücksichtigung der Grundmaßnahmen zur Instandhaltung nach DIN EN 13306 erfolgen. Dies geschieht in Verbindung mit DIN 31051. Der Eigentümer der Lüftungsanlage ist dafür verantwortlich, die Wartung rechtzeitig in die Wege zu leiten. Ergeben zwei im Abstand von sechs Monaten aufeinanderfolgende Prüfungen keine Funktionsmängel, so braucht die Brandschutzklappe nur in jährlichen Abständen überprüft zu werden.

Brandschutzklappen stellen aufgrund des zusätzlichen Druckabfalls der Einbauten einen weiteren Strömungswiderstand dar, der in Summe etwa den gleichen (oder sogar höheren) Betrag annehmen kann wie der Kanal selbst. Hinsichtlich des Planungsablaufs stellt dieser Betrag häufig eine Unwägbarkeit dar, weil die letztlich gültige Information über die einzubauenden Brandschutzeinrichtungen häufig erst relativ spät feststeht (Abstimmung mit den Brandschutzverantwortlichen und Behörden). Nicht selten resultieren daraus hohe unvorhergesehene Stromverbräuche der Anlage und schlecht abgestimmte Systeme. Daher ist es ratsam, frühzeitig ein abgestimmtes Brandschutzkonzept mit allen Details auszuarbeiten.

Abbildung 7.22 Brandschutzklappen mit bzw. ohne Anschlagwinkel (links: BK-188 (veraltet), rechts: Nachfolgemodell BKA-EN (Quelle: Schako KG)

In jedem Fall ist darauf zu achten, dass die freien Querschnitte der Brandschutzklappen ökonomisch auch im Hinblick auf die Betriebskosten optimiert werden. Strömungstechnisch günstige Bauarten der Klappen helfen dabei, auch bei begrenzten Platzverhältnissen effiziente Anlagen zu planen, wie der Vergleich zwischen den Brandschutzklappen mit bzw. ohne Anschlagwinkel (Beispiel BK-188 bzw. BKA-EN, Fa. Schako KG, Kolbingen, D) zeigt, siehe Abbildung 7.22. Bei gleichem Druckabfall (6 Pa) und Schallpegel LWA= 35 dB(A) kann die neue Klappe BKA-EN mit 3146 m^3/h statt mit nur 1770 m^3/h angeströmt werden. Die neue Bauform ohne Anschlagwinkel kann für den gleichen Preis geliefert werden und ist damit in jedem Falle wirtschaftlicher.

7.6 Treppenhausbelüftung im Geschosswohnungsbau

„Bislang konzentrierten sich die Ausführungen zur Nachrüstung der Lüftung ausschließlich auf die Wohnungen. Es stellt sich jedoch die Frage, wie auch im Treppenhaus eine entsprechende Luftqualität erreicht werden kann, da Treppenhäuser oft auch als Abstellfläche für Gegenstände mit einer möglichen Geruchsbelastung verwendet werden, z. B. für Schuhe. Gelingt dies nicht durch geeignete Maßnahmen, so reagieren die Bewohner des Gebäudes durch Fensterlüftung. Diese kann innerhalb der Heizperiode besonders bei Dauerlüftung zu erhöhten Wärmeverlusten und somit zu höherem Energieverbrauch des Gebäudes führen, wenn das Treppenhaus innerhalb der thermischen Hülle liegt. Darüber hinaus kann bei bestimmten Witterungsbedingungen u. U. trotz Fensterlüftung nicht die gewünschte Luftqualität erreicht werden.

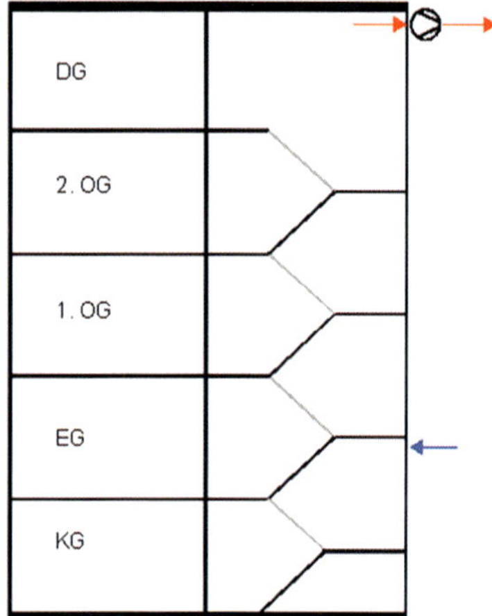

Mechanische Abluft im Dachgeschoss, Zuluftventil im Eingangsbereich

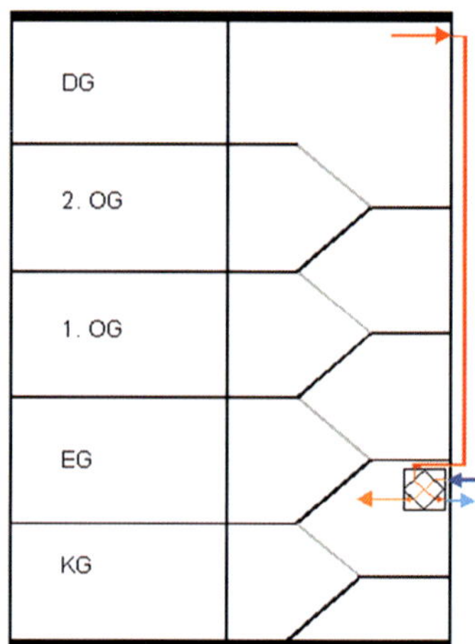

Mechanische Zu- und Abluft mit Wärmerückgewinnung, Lüftungsgerät nur für Treppenhaus

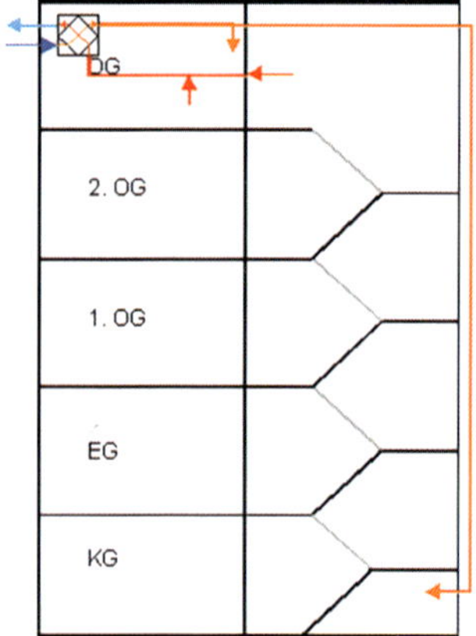

Mechanische Zu- und Abluft, Lüftungsgerät für Treppenhaus gemeinsam mit einer Wohnung

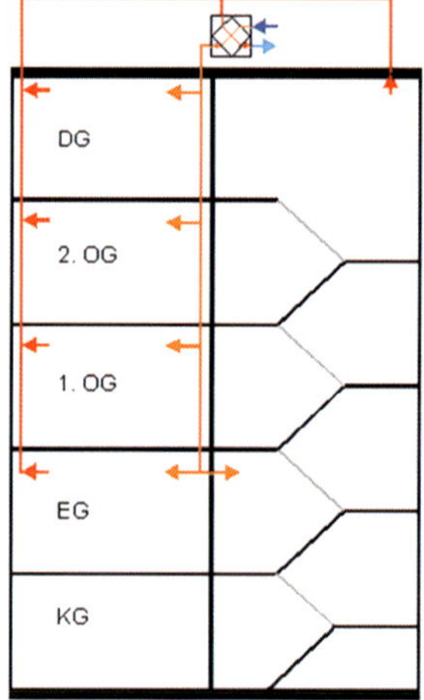

Mechanische Zu- und Abluft, zentrales Lüftungsgerät für Wohnungen und Treppenhaus

Abbildung 7.23 Varianten der mechanischen Treppenhausbelüftung (Quelle: [Großklos 2011])

Bisher wurden Treppenhäuser normalerweise über Fenster belüftet. Neben der reinen Fensterlüftung sind aber weitere Belüftungsmöglichkeiten denkbar, die den Energiebedarf des Gebäudes reduzieren – aber auch erhöhen können.“ [Großklos 2011]

Bei der Platzierung des Lüftungsgeräts muss darauf geachtet werden, dass die oft recht engen Treppenhausgrundrisse in Bestandsgebäuden nicht zusätzlich durch das Lüftungsgerät verkleinert werden bzw. das Gerät z. B. durch den Transport von Möbeln beim Umzug nicht beschädigt wird. Hier bietet sich beispielsweise eine Platzierung am Treppenhauskopf im Dachgeschoss an, wobei zu berücksichtigen ist, dass das Gerät für Wartung und Filterwechsel zugäng-

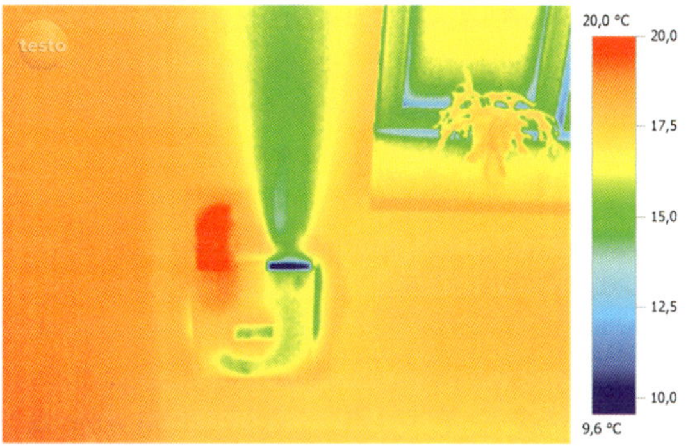

Abbildung 7.24 Beispiel eines nachträglich eingebauten Lüftungsgeräts im Treppenhaus: links Ansicht, rechts Thermografie, die das Einblasen der Zuluft nach oben zeigt (Quelle [Großklos 2011])

lich sein muss. Geräte für den Wandeinbau ragen weniger in das Treppenhaus hinein (siehe Abbildung 7.24).

„Die einfachste Variante des Betriebs ist ein konstanter Volumenstrom der Anlage. Die notwendige Luftwechselrate hängt von unterschiedlichen Einflussfaktoren wie z. B. Geruchsbelastungen etc. ab. Grob kann von einem Treppenhausluftwechsel von 0,1 1/h (Mindestluftwechsel nach DIN 1946-6) ausgegangen werden. Im Sommer könnte die Anlage aus energetischen Gründen abgeschaltet werden (z. B. über eine Jahreszeitschaltuhr). Da der Luftaustausch über gekippte Fenster in dieser Jahreszeit aufgrund der geringen Temperaturunterschiede nicht garantiert ist, bietet ein ganzjähriger Betrieb der Anlage dennoch Vorteile. Dann muss jedoch noch stärker auf einen niedrigen Stromverbrauch geachtet werden." [Großklos 2011].

Für eine gute Durchströmung des Treppenhauses wird die Zuluft unten und die Abluftabsaugung oben angeordnet. Der Zuluftkanal kann dann entlang der Außenwand als Flachkanal in der Wärmedämmung verlegt werden, siehe Abbildung 7.25. Wie bei allen Anlagen mit Wärme-

Abbildung 7.25 Montage des Lüftungskanals auf der Außenwand innerhalb der Wärmedämmung (Quelle [Großklos 2011])

rückgewinnung ist auch bei der Treppenhauslüftung der Balanceabgleich wichtig (siehe Kapitel 6.1.4). Im Treppenhaus liegen Zu- und Abluftventil auf unterschiedlichen Höhen, daher muss der zusätzliche Druckunterschied beim Einmessen berücksichtigt werden.

7.7 Schallschutz

Prinzipiell bestehen keine Unterschiede zwischen den Schallschutzanforderungen im Neubau bzw. bei der Altbaumodernisierung. Allerdings sind für das Bestandsgebäude individuelle Lösungen für die Realisierung zu suchen, die sich an dem vorliegenden baulichen Schallschutz zwischen den Räumen orientieren. Auf diese Weise kann unnötiger Aufwand vermieden werden. Hinzu kommt, dass in der Altbaumodernisierung normalerweise kein eigener Raum für das Lüftungsgerät zur Verfügung steht. Es sind daher von vornherein Geräte mit sehr geringer Schallabstrahlung zu wählen.

Der Schalldruckpegel in den Aufenthaltsräumen sollte 25 dB(A) nicht überschreiten. Bezüglich Schallschutz empfiehlt die DIN 4109 (1989) ein Schalldämmmaß R'_w von ≥ 30 dB für normale und ≥ 35 dB für gehobene Ansprüche (innerhalb einer Wohneinheit, berechnet für eine 10 m^2 Trennwand mit 8,26 m^2 Wand- und 1,74 m^2 Türfläche). Diese Anforderung wirkt sich auf die Gestaltung von Überströmöffnungen aus. Auf dieses Thema wird in Kapitel 7.12 näher eingegangen.

Zur Vermeidung von Telefonieschall ist vor jedem Auslass ein Telefonieschalldämpfer mit einer Länge von ca. 50 cm erforderlich. Weitere Möglichkeiten werden in Kapitel 7.16.2 beschrieben.

7.8 Zuluftkanalnetz

Wurden in der Vergangenheit fast ausschließlich Wickelfalzrohre als Zuluftverteilung eingesetzt, so haben sich in den letzten Jahren zunehmend auch Kunststoffkanäle für die Komfortlüftung etabliert. Nachfolgend werden die beiden gebräuchlichsten Verteilstrukturen (Baum- bzw. Sternverrohrung) mit ihren jeweiligen Vor- und Nachteilen erläutert. Die im Anschluss daran beschriebene Laminar-Flow-Verteilung ist derzeit noch nicht als System am Markt verfügbar, könnte in Zukunft aber gerade wegen ihrer extrem geringen Aufbauhöhe gerade für die Sanierung von Wohnbauten an Interesse hinzugewinnen.

7.8.1 Baumstruktur

Die klassische Kanalstruktur für Zu- und Abluftkanalnetze stellt Verzweigungen in einer sogenannten Baumstruktur dar. Auf diese Weise kann zumindest annähernd sichergestellt werden, dass alle Zweige etwa gleichen Druckverlust aufweisen. Ist dies nicht der Fall, müssen die Zweige mit geringerem Druckabfall so weit eingedrosselt werden, dass sie auf den gleichen Druckabfall wie der Strang mit dem höchsten Druckabfall kommen. Dabei kommt es häufig zu unerwünschtem Strömungsrauschen, das nach Möglichkeit verhindert werden soll. Ganz vermeiden lässt sich das Strömungsrauschen nicht. Positioniert man die Telefonieschalldämpfer jedoch in der Nähe der Luftdurchlässe, so wird dieser noch weitgehend absorbiert und gelangt praktisch nicht in den Raum. Mit flexiblen Schalldämpfern können Bögen gelegt werden. Damit wird der Schallschutz sogar noch weiter verbessert und es können Formstücke eingespart werden. Generell sind zwei kurze Schalldämpfer wirksamer als ein langer.

7.8.2 Sternverrohrung

Mit der Entwicklung von flexiblen Kunststoffrohren für die Lüftungstechnik (Antistatik-behandelte Wellrohre mit glattwandigem Inlay), die heute als Rund- und Ovalkanäle in unterschiedlichen Querschnitten verfügbar sind, hat sich die Technik der Sternverrohrung immer weiter durchgesetzt. Hinsichtlich Planung und handwerklicher Ausführung ist sie einfacher und schneller als die klassische Wickelfalzkanaltechnik und damit auch in Bezug auf die Kosten interessant.

Im Prinzip besteht das System aus einem Luftverteilerkasten für die Zuluft. Er wird mit einem zentralen Rohr vom Lüftungsgerät mit Zuluft versorgt. Von dort zweigen dann jeweils Schlauchstutzen für die Zuluftkanäle ab. Der Kasten selbst ist innen mit schallabsorbierendem Material ausgekleidet und wirkt dadurch quasi als zentraler Telefonieschalldämpfer für alle Zulufträume, weil er im Schalldurchgang als Einfügedämpfung zwischen den Räumen fungiert. Diese schallabsorbierende Auskleidung der Verteilerboxen ist zwingend erforderlich, auch wenn von vielen Herstellern immer wieder behauptet wird, dass die Kanäle selbst schon die notwendige dämpfende Wirkung aufweisen würden.

Die Verlegung der Schläuche kann entweder in der abgehängten Decke, in Abkofferungen oder in Betondecken erfolgen. Letzteres ist natürlich keine Option für den Einsatz in der Altbaumodernisierung. Im Falle der Abkofferung kommt man mit einem Schlauchsystem im Vergleich zur Wickelfalzrohr-Lösung zu deutlich kompakteren Abkofferungen, weil die großen Durchmesser der Telefonieschalldämpfer entfallen können. Daher findet die Sternverrohrung auch in der Sanierung immer mehr Anhänger. Die Luftverteilerkästen werden dabei hinter einer Revisionsöffnung in der abgehängten Decke verbaut. Analog zur Zuluft wird auch die Abluft mit solchen Kästen verbunden und mit einem zentralen Kanal zum Wärmerückgewinnungsgerät zurückgeführt. Die Montage ist relativ einfach, weil die Schläuche flexibel sind und dadurch fast durchweg ohne Formstücke auskommen.

Ein weiterer Vorteil gegenüber der klassischen Baumstruktur ist die zentrale Einstellmöglichkeit der einzelnen Stränge direkt an der Verteilbox. Einige Hersteller arbeiten hier mit Kunststoffblenden, die koaxiale Ringe in unterschiedlichen Durchmessern enthalten. Durch Herausbrechen von einigen Ringen aus der Mitte lässt sich der Druckabfall dieser Blenden reduzieren und der Volumenstrom des betreffenden Raums anheben. Andere Hersteller bieten sogar variable Blenden für jeden Strang separat an.

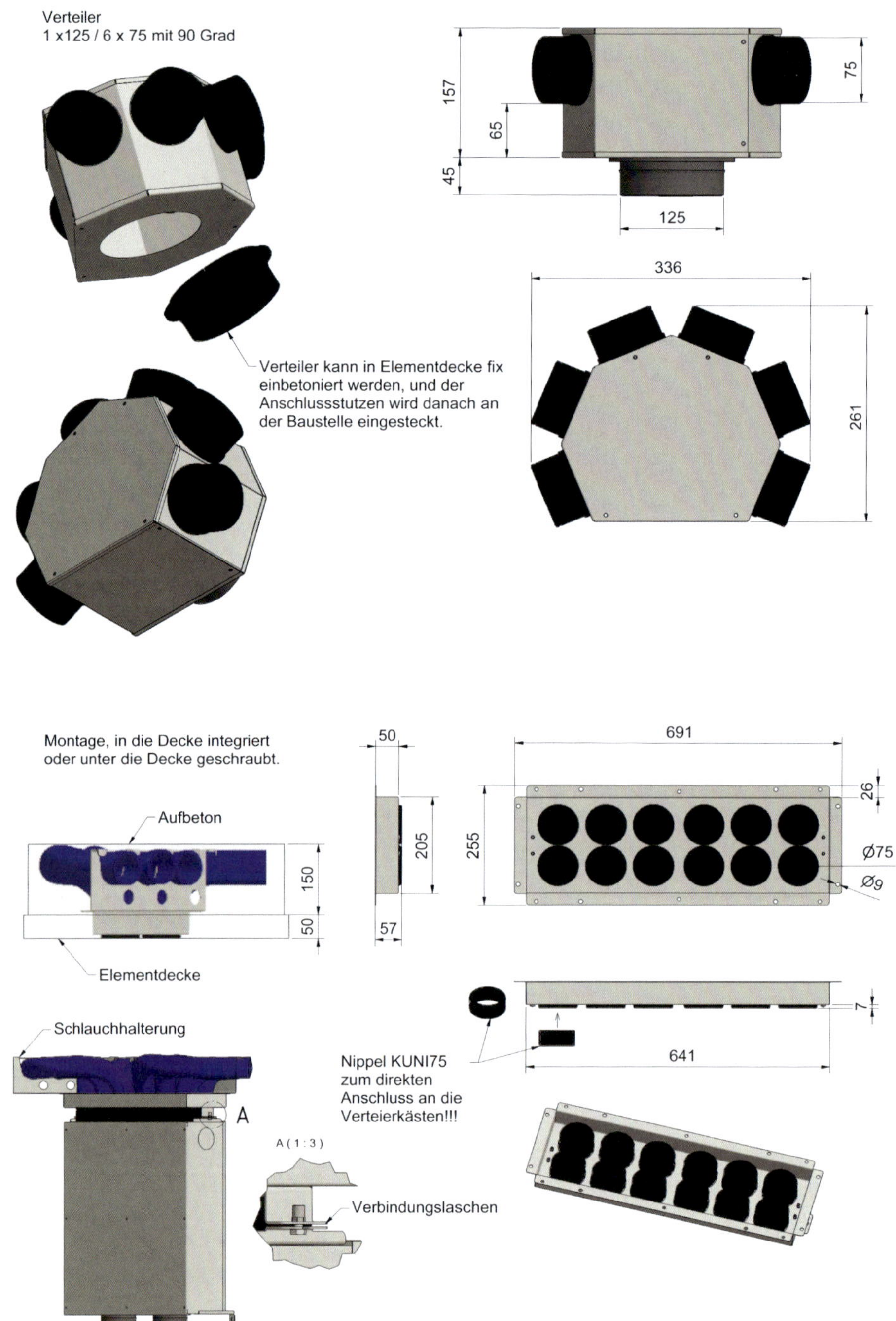

Abbildung 7.26 Sternverrohrung und Verteilbox, Besonderheit: Sternverteiler können fix in die Elementdecke einbetoniert werden (Quelle: KL Lufttechnik GmbH)

7.8.3 Flachkanalsysteme

Gegenüber Rundkanälen bieten Flachkanäle den Vorteil, dass sie mit geringerer Aufbauhöhe in Decke, Wand oder Boden integriert werden können. Wie in Kapitel 7.1 erläutert, kann der Druckverlust von Flachkanälen auf den gleichen Wert wie bei Rundkanälen gebracht werden, wenn der höhere hydraulische Durchmesser über eine Vergrößerung der Querschnittsfläche und damit sinkende Strömungsgeschwindigkeit kompensiert wird. In der Breite steht der Platz häufig ausreichend zur Verfügung. Kritisch ist die Höhe des Kanals, weil diese letztlich die lichte Raumhöhe begrenzt.

Flachkanalsysteme sind inklusive aller Formstücke (Bögen, Abzweige, T-Stücke etc.) in unterschiedlichen Aspektverhältnissen (Verhältnis von Breite zu Höhe) verfügbar. Gegenüber Rundkanälen ist die Luftdichtheit an den Anschlussstellen bei Blechkanälen etwas problematischer, weil die Dichtheit in den Eckbereichen nicht so einfach zu lösen ist. Inzwischen sind aber auch Flexkanäle mit ovalem bzw. tunnelförmigem Querschnitt sowie dazu passende Formteile und Verbindungselemente verfügbar. Durch die Profilierung und den Querschnitt sind diese besonders trittstabil und schützen vor unbeabsichtigten Deformierungen.

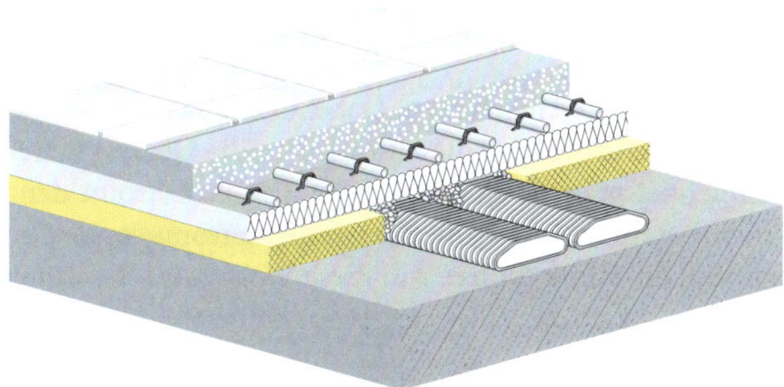

Abbildung 7.27 Mit dem tunnelförmigen Rohrsystem (132 x 52 mm) sind Fußbodenaufbauhöhen von nur 14 cm inklusive Fußbodenheizung möglich (Quelle: Fränkische Rohrwerke Gebr. Kirchner GmbH & Co. KG)

Eine direkte Kombination aus Fußbodenheizung und Luftkanal für den Bodenaufbau bietet gleichzeitig eine gewisse Luftvorerwärmung. Diese Systeme sind aufgrund der geringen Aufbauhöhe auch gut für den nachträglichen Einbau in der Sanierung geeignet (siehe Abbildung 7.28).

Abbildung 7.28 Airconomy Flachkanal-Zuluftverteilung in Kombination mit Fußbodenheizung (Quelle: Schütz GmbH & Co. KGaA)

7.12 Überströmöffnungen

Nach dem Prinzip der Kaskadenlüftung (siehe Kapitel 4.3 bzw. 4.4) strömt die Luft von den Zulufträumen in die Überströmbereiche und anschließend in die Sanitärräume und die Küche über. Hierfür sind Überströmöffnungen erforderlich, welche über einen ausreichenden Querschnitt verfügen, damit der Druckabfall einen Wert von ein bis zwei Pascal nicht überschreitet. Dies ist aus mehreren Gründen von Bedeutung. Wird der Druckabfall zu hoch, kann es zu Strömungsgeräuschen und Zugerscheinungen kommen (insbesondere im Badezimmer sind die Bewohner hierfür besonders sensibel). Außerdem würde der Überdruck in den Zulufträumen ansteigen. Somit werden Leckagen in der Gebäudehülle dauerhaft von innen nach außen durchströmt. Dies kann im schlimmsten Fall zu Bauschäden (auskondensierende Feuchte in den Bauteilen) führen. Zudem wird die Energieeffizienz geringer, denn durch die steigende In- bzw. Exfiltration steigen auch die Lüftungswärmeverluste an. Außerdem muss man darauf achten, dass die sogenannte Ventilautorität bei Auslass liegt, d. h., dass die Einstellung der Volumenströme ausschließlich durch das Zuluftkanalnetz und die Auslässe bestimmt wird, nicht aber durch Überströmöffnungen, weil sich sonst die Druckverhältnisse ändern, je nachdem ob bestimmte Türen geschlossen oder geöffnet sind. Im Druckbereich von einem Pascal ist dieser Effekt noch vernachlässigbar, aber bereits bei 2 Pa verstellt sich die Zuluftmenge um fast 10 % (Annahme: Druckverlust der Zuluftventile 10 Pa, Quelle: [Kopeinig 2012]).

Welche technische Ausführung Sie wählen, hängt von den Designwünschen ebenso ab wie von den Kosten sowie den schalltechnischen Anforderungen. Rechtlich gesehen gibt es innerhalb einer Wohneinheit eigentlich keine bindenden Vorschriften für die schalltechnischen Eigenschaften von Zimmertüren. Mit etwas Sorgfalt können hier aber durchaus Verbesserungen erreicht werden.

Die kostengünstigste und technisch einfachste Lösung ist der Luftspalt unter dem Türblatt. Planerisch muss also nur die freie Spaltweite für die jeweilige Türbreite beim gewünschten Volumenstrom unter der Tür dimensioniert und das daraus resultierende Türmaß beim Tischler bestellt werden.

Optisch unauffälliger und ebenfalls kostengünstig ist das Ausfräsen bei Holzzargen. Diese Lösung wurde von [Werner & Laidig 2009] vorgeschlagen und inzwischen vielfach in der Praxis umgesetzt.

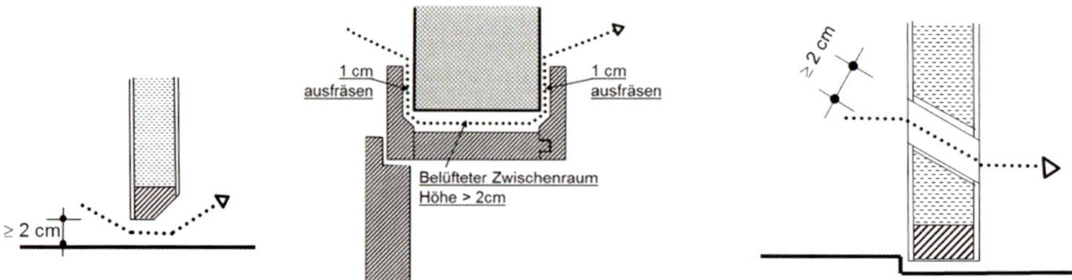

Abbildung 7.32 Möglichkeiten der Überströmung: Türunterschnitt (links), Zargenlösung (Mitte), Z-Blende (rechts) (Quelle: ebök GmbH)

Dabei werden die beiden Deckbretter ca. 1 cm tief ausgefräst und das horizontale Zargenbrett mit mindestens 2 cm Spalt unter dem Sturz angebracht. Diese Tischlerarbeiten können natürlich im Neubau problemlos von vornherein eingeplant werden. Bei der Altbausanierung bietet sich eine solche Lösung natürlich an, wenn Türzargen ohnehin erneuert werden. Bis dahin stellt das Kürzen der Türblätter die schnellere und einfachere Variante dar.

Für Stahlzargen im Massiv- und Trockenbau wurden von der Universität Innsbruck [Kopeinig 2012] zwei neue Bauarten entwickelt und im Schallprüfstand untersucht.

Die meistverwendeten Überströmelemente und die zwei neu entwickelten Bauarten (siehe Abbildung 7.33) wurden in einem Doppelkammer-Prüfstand der Universität Innsbruck hinsichtlich Schalldämmung und Druckverlust vermessen [Kopeinig 2012]. Tabelle 7.2 zeigt einen Auszug der Messergebnisse.

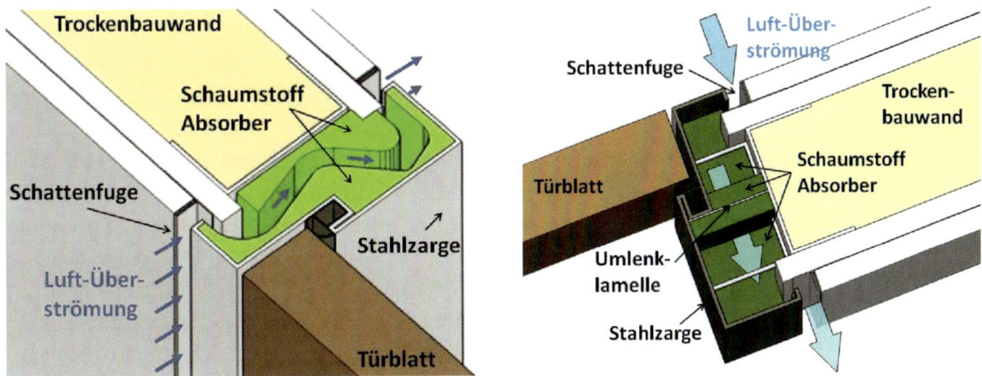

Abbildung 7.33 3D-Skizzen von zwei Überströmlösungen, links: Version 1 (V1) mit rein horizontaler Strömung, rechts: Version 2 (V2) mit vertikal abgelenkter Strömung (Quelle: Rojas-Kopeinig, G.)

Alternativ können natürlich auch Gitter oder Blenden im Türblatt eingesetzt werden. Hier sind unterschiedliche Designs verfügbar. Z-Blenden ermöglichen dabei den Luftdurchtritt ohne einen Lichtspalt erkennen zu können. Schalltechnisch sind diese Lösungen aber mit dem Türspalt praktisch äquivalent. Um den Türspalt nicht zu groß ausfallen zu lassen, kann auch statt einer umlaufenden Dichtlippe diese auf wenige Anschlagstellen reduziert werden. Auf diese Weise kann zusätzlicher Querschnitt nutzbar gemacht werden.

Zusätzlich zu den genannten Lösungen stehen auch spezielle z. T. sehr gut schallgedämpfte Überströmer für den Einbau im Mauerwerk zur Verfügung. Vom Passivhaus-Institut wurden transparente Überströmer als Oberlicht über den Türen entwickelt. Sie bestehen aus drei Glasplatten, die in Form eines Labyrinths angeordnet sind. Die Luft strömt dabei über einen unten angeordneten Eintrittsspalt nach oben. Dort ist ein Schallabsorber angeordnet und es erfolgt eine Umlenkung nach unten. Von dort tritt die Luft wieder aus. Diese Form der Überströmer wurde erstmals im Bauingenieurgebäude der Universität Innsbruck eingesetzt, eignet sich aber auch für den Wohnbau, speziell dann, wenn gleichzeitig Tageslicht im Flur gewünscht wird.

Tabelle 7.2 Messergebnisse zum Druckabfall unterschiedlicher Überströmelemente, Quelle: [Kopeinig 2012]

		mit Türspalt (80 cm Länge)					mit Bodendichtung			
Überströmelement (ÜFE)			**Δp in Pa bei**				**Δp in Pa bei**			
	$R_w/D_{n,e,w}$ in dB	**Tür-spalt mm**	**20 m³/h**	**30 m³/h**	**40 m³/h**	**Result.** [2] **R_w' in dB**	**20 m³/h**	**30 m³/h**	**40 m³/h**	**Result.** [2] **R_w' in dB**
Tür (40 mm dick) ohne ÜFE	30/-	--	--	--	--	--	--	--	--	38
nur Türspalt (80 cm Länge)	23/-	5	2,8	5,8	9,5	30				
	20/-	10	0,7	1,5	2,5	27	--	--	--	--
	18/-	15	0,3	0,7	1,2	26				
Holzzarge	-/36	5	0,6	1,3	2,1	29	1,6	3,2	5,4	33
wie [1] **+ 10 mm Absorber**	-/40	5	0,6	1,3	2,1	30	1,7	3,3	5,6	35
Stahlzarge V1 (siehe Abbildung 7.33 links)	-/37	5	0,7	1,4	2,2	29	1,8	3,6	5,8	34
Stahlzarge V2 (siehe Abbildung 7.33 rechts)	-/44	5	0,6	1,2	2,1	30	1,5	3,5	6,2	36

[1] Wie in Abbildung 7.32 Mitte, aber mit 8 mm breitem Ein-/Auslass und 10 mm horizontalem Abstand.

[2] Resultierendes Schalldämmmaß für eine 10 m² Trockenbauwand mit 8,26 m² Wand- und 1,74 m² Türfläche.

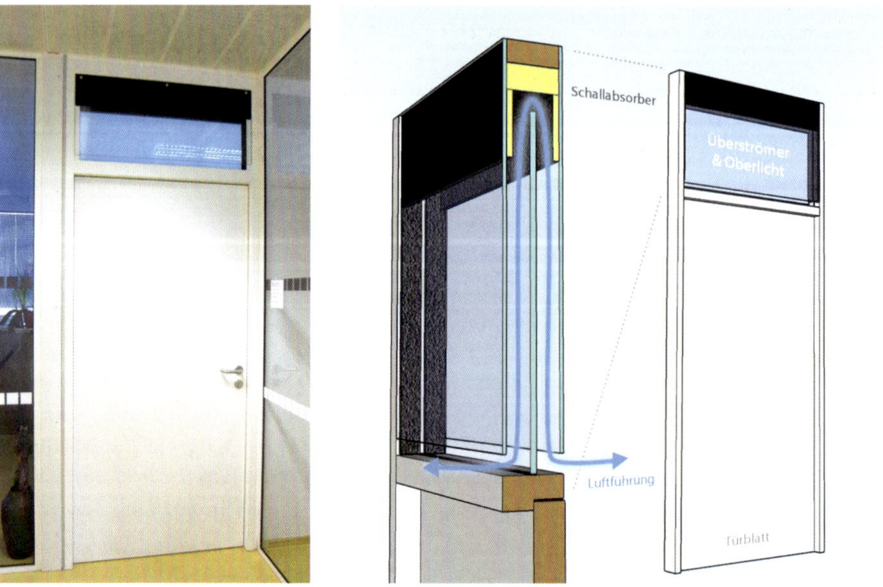

Abbildung 7.34 Passive Überströmer mit Schallschutzfunktion (Quelle: Malzer, H.)

7.13 Wanddurchbrüche

Eine der stärksten Belastungen durch Lärm und Staub geht von den leider nicht ganz zu vermeidenden Wanddurchbrüchen aus. Bezüglich der Außen-/Fortluftkanäle und den hierfür erforderlichen Außenwanddurchbrüchen wurde bereits darauf eingegangen. Aber auch innerhalb der Wohnungen sind z. T. Wanddurchbrüche für Kanaldurchführungen unerlässlich, wenn z. B. Zu- oder Abluftkanäle von den Räumen zum Flur geführt werden müssen. Die heute zur Verfügung stehenden diamantbesetzten Kernlochbohrer sind entweder wassergekühlt oder mit einer Staubabsaugung direkt am Gerät versehen. Dadurch wird die Staubbelastung ohnehin bereits geringgehalten. Kleinere Durchmesser und Bohrungen in Ziegelmauerwerk können trocken und aus der Hand gebohrt werden. Für größere Durchmesser und armierten Beton werden ständergeführte Bohrungen angesetzt. Hierfür wird zunächst der Bohrständer an die Wand gedübelt und mit der Libelle/Wasserwage ausgerichtet, damit anschließend die Bohrungen geführt und absolut rechtwinklig gesetzt werden können.

Die häufigste Position für Kernlochbohrungen in Trennwänden zwischen Flur und Wohnraum stellt der Türsturz dar. Leider liegen dort im Altbau auch häufig Elektrokabel unter Putz. Diese werden dann durch die Kernbohrung durchtrennt. Es ist also vor jeder Bohrarbeit erforderlich, mit den Sicherungen die jeweiligen Stromkreise vom Netz zu trennen. Die verletzten Kabel müssen dann von einem Fachmann wieder sicher verbunden und mit Schrumpfschlauch gesichert werden. Das gelingt am besten, wenn das Kabel mittig getroffen wurde.

7.14 Filter

In der Komfortlüftung werden Luftfilter aus mehreren Gründen eingesetzt. Zunächst halten die Filter die Anlage, also das Kanalnetz und die Einbauten, von Verunreinigungen frei. Generell gilt der Grundsatz: Filterwechsel ist kostengünstiger als Reinigung. Details zur Reinigung finden Sie in Kapitel 8.3.4. Es gibt jedoch auch Bauteile, die nur schwer oder gar nicht zu reinigen sind, wie z. B. Lamellen von Heizregistern oder die Ventilatorschaufeln. Um möglichst alle Bauteile sauber zu halten, müssen die Filter so weit wie möglich am jeweiligen Lufteintritt, also frontständig, angeordnet werden. Das gilt sowohl für den Außenluft- als auch für den Abluftstrang. Alle Einbauten und Kanalstrecken vor dem Filter sind nicht geschützt und werden daher mit der Zeit verunreinigen. Der frontständige Einbau kann im Abluftkanalnetz, wie in Kapitel 7.11 erläutert, mithilfe von Vorlegefiltern erfolgen. Für die Außenluft kann, wie im nachfolgenden Kapitel erläutert, ein eigener Filterkasten installiert werden.

Neben dieser Aufgabe, das Kanalnetz und die Einbauten vor Verunreinigung zu schützen, erfüllen die Außenluftfilter auch Funktionen zur Verbesserung der Raumluftqualität. Sie scheiden z. B. Ruß, Staub, Aerosole und Feinstaub ab. Pollenallergiker können, wenn sie die Fenster in der Pollensaison geschlossen halten, mit Feinfiltern ihre Wohnung pollenfrei halten. Außerdem scheiden Feinfilter auch einen gewissen Prozentsatz von Feinstaub ab – gerade in stark belasteten Stadtgebieten ein nicht zu unterschätzender Vorteil. Mit der neuen Filternorm wird heute die Bewertung der Abscheidegrade von Feinstaub einheitlich geregelt.

Neben den in der Wohnungslüftung normalerweise eingesetzten Feinfiltern für die Außenluft und den Grobfiltern für die Abluft ist es theoretisch auch möglich, mit Aktivkohlefiltern zu arbeiten, um noch weitere Schad- und Geruchsstoffe zu absorbieren und sogar ggf. die Ozonkonzentration der Zuluft abzusenken. Die Automobilindustrie arbeitet schon seit vielen Jahren mit sogenannten Kombifiltern, die Partikelfilter mit Aktivkohleeinlage kombinieren. Diese sind inzwischen auch für die Wohnraumlüftung als Außenluftfilter erhältlich.

Bei der Auswahl der Filter spielen neben dem Abscheidegrad auch der Druckabfall und die Kosten eine wesentliche Rolle. Durch größere Filterflächen kann der Druckabfall reduziert werden. Setzt man hierfür standardisierte Industriefilter ein, können auch die Kosten die Grenzen gehalten werden.

Da die Wirtschaftlichkeit einer Filterlösung stark von der Betriebsstundenzahl und den Außenluftbedingungen abhängen kann, ist es ratsam, für die Auswahl der für das jeweilige Bauvorhaben und dessen Betrieb optimalen Filterlösung eine Lebenszykluskosten-Betrachtung anzustellen. In den meisten Fällen sind Filter mit der höchsten Effizienzklasse auch aus ökonomischer Sicht sinnvoll. Auch für Abluftfilter sind Taschenfilter empfehlenswert. Sie weisen dauerhaft geringe Druckverluste bei moderaten Investitionskosten auf. Eine Analyse zur Wirtschaftlichkeit unterschiedlicher Filterlösungen mithilfe der Lebenszykluskosten-Betrachtung erfolgte in [Pfluger 2013].

Welche Filterqualität ist nun für welche Anwendung empfehlenswert?

Die DIN EN 779 Partikel-Luftfilter für die allgemeine Raumlufttechnik – Bestimmung der Filterleistung wurde 2018 zurückgezogen und durch die DIN EN ISO 16890-1 Luftfilter für die allgemeine Raumlufttechnik – Teil 1: Technische Bestimmungen, Anforderungen und Effizienzklassifizierungssystem ersetzt.

Der Vorteil der DIN EN ISO 16890 besteht darin, dass im Gegensatz zur DIN EN 799 die Prüfstäube speziell auf die Partikelgrößen PM 10, PM 2,5 und PM 1 abgestimmt sind, die eine eindeutige Bestimmung des Abscheidegrads für diese Partikelgrößen ermöglichen. Allerdings sind immer noch die alten Bezeichnungen der DIN EN 799 im Gebrauch. Dort wurden Grobfilter mit der Bezeichnung G und Feinfilter mit der Bezeichnung F und der jeweiligen Filterstufe klassifiziert. Tabelle 7.3 gibt Anhaltswerte, welche Bezeichnung nach DIN EN ISO 16890 den alten Filterklassen in etwa entspricht.

Tabelle 7.3 Anhaltswerte zur Entsprechung der Filterklassen nach DIN EN ISO 16890

Filterklasse nach DIN EN 779 (zurückgezogen)	Entsprechende Filterklasse nach DIN EN ISO 16890
G4	Coarse (60 %)
M5	ePM_{10} (50 %)
F7	$ePM_{2,5}$ (50 %)
F9	ePM_1 (80 %)

Tabelle 7.4 listet die Filterklassen und deren Abscheidegrade nach DIN EN ISO 16890 für die Wohnungslüftung auf.

Tabelle 7.4 Übersicht der Abscheidegrade der Filterklassen nach DIN EN ISO 16890

Gruppen-bezeichnung	Anforderung $ePM_{1,min}$	Anforderung $ePM_{2,5,min}$	Anforderung ePM_{10}	Klassifizierungswert
ISO Coarse (Grobstaub)	-	-	< 50 %	anfänglicher gravimetrischer Abscheidegrad
ISO ePM10	-	-	**≥ 50 %**	ePM_{10}
ISO ePM2.5	-	**≥ 50 %**		$ePM_{2,5}$
ISO ePM1	**≥ 50 %**			ePM_1

7.14.1 Außenluftfilter

Mit einem ISO-ePM1-(80 %)-Filter können hohe Anteile der Feinstaubfraktion (PM1) herausgefiltert werden. Diese Filterklasse wird für die Komfortlüftung als Außenluftfilter empfohlen. Noch höhere Filterklassen sind aus Gründen der hohen Kosten und der Druckverluste nicht empfehlenswert, zumal sie kaum eine Verbesserung der Raumluftqualität mehr erreichen, weil immer noch ungefilterte Luft durch Infiltration durch Leckagen in der Gebäudehülle zu einer verbleibenden Feinstaubbelastung führt.

Im Hinblick auf geringe Druckverluste und Kosten werden Taschenfilter mit Standardmaßen empfohlen. Plisseefilter (Kassettenfilter bzw. Z-Line-Filter) sind teurer und in Sondermaßen meist nur über den Gerätehersteller beziehbar.

Es ist ratsam, einen frontständigen Außenluftfilterkasten möglichst nahe am Lufteintritt, gleich nach dem Lamellengitter, zu installieren. Ein solcher Filterkasten hat gegenüber einem im Gerät eingebauten Außenluftfilter mehrere Vorteile. Im Lüftungsgerät selbst steht normalerweise nur ein eingeschränktes Platzangebot zur Verfügung, die Filter fallen daher normalerweise eher klein aus und haben häufig ein herstellerspezifisches Spezialformat. Damit sind der Druckverlust und die Filterkosten bei Einbau im Gerät relativ hoch gegenüber kostengünstigen großformatigen Industriefiltern, wie sie in frontständigen Filterkästen Platz finden. Im ersten Passivhaus in Darmstadt-Kranichstein wurde von Beginn an ein frontständiger Filterkasten für den Einbau von F8-Industriefiltern vorgesehen und die Filter regelmäßig (jährlich) gewechselt. Wie die wissenschaftliche Nachuntersuchung nach 25 Jahren gezeigt hat, haben sich in der gesamten Zeit praktisch keine Verunreinigungen abgelagert, obwohl bislang noch keine einzige Reinigung erfolgte.

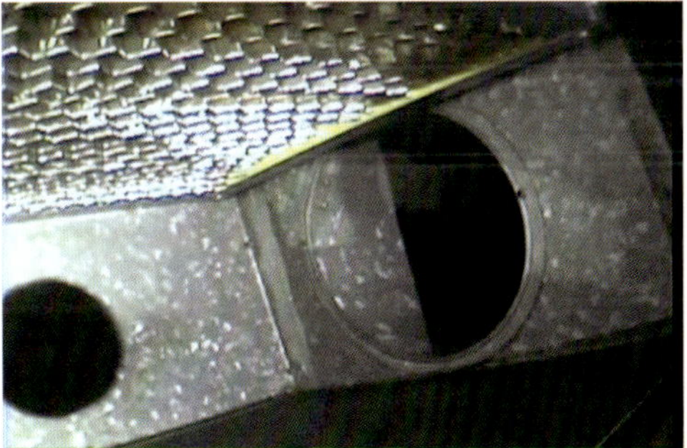

Abbildung 7.35 Innenansicht des Außenluftfilterkastens im ersten Passivhaus in Darmstadt-Kranichstein (Quelle: Feist, W., Passivhaus Institut GmbH)

Wenn ein frontständiger Außenluftfilterkasten vorgesehen wird, kann natürlich der Außenluftfilter im Gerät entfernt werden, um unnötigen Druckabfall zu vermeiden. Für den Aufbau dieser Filterkästen gibt es zwei unterschiedliche Möglichkeiten: Entweder wird der Kasten im kalten Bereich, also außerhalb der wärmegedämmten Gebäudehülle angeordnet, dann braucht er nicht gedämmt zu werden und kann z. B. aus Blech hergestellt werden, oder er steht im warmen Bereich. In diesem Fall muss er wie alle kalten Leitungen innerhalb der Gebäudehülle diffusionsdicht gedämmt werden.

Wie bereits erwähnt, sind alle Bauteile in Strömungsrichtung vor dem Außenluftfilter der Verunreinigung ausgesetzt. Daher sollten insbesondere Frostschutzheizregister, die aufgrund der engen Lamellenabstände schwierig zu reinigen sind, auf jeden Fall nach dem Außenluftfilter eingesetzt werden.

Ein weiteres wichtiges Auswahlkriterium für Filter stellt neben der Filtergüte und damit der erreichbaren Raumluftqualität auch der Druckverlust dar (siehe hierzu [Pfluger 2013]).

7.14.2 Abluftfilter

Abluftfilter werden z. B. als Vorlegefilter vor Tellerventilen in Form von Mattenfiltern oder im Gerät als Kassettenfilter oder Taschenfilter (Grobfilter, ISO Coarse 90 %) eingesetzt.

In der Küche werden wiederverwendbare Fettkondensationsfilter aus Edelstahlgeflecht eingesetzt (siehe Kapitel 7.11), um die Fettwrasen, die beim Kochen entstehen, auszukondensieren, bevor sie in das Abluftkanalnetz eindringen können. Ohne diese Fettkondensationsfilter legt sich ein Fettfilm auf die Rohrwandung, an dem Staubpartikel haften bleiben. So entstehen Verunreinigungen, die sogar den Querschnitt verengen und zusätzlichen Druckverlust verursachen können. In einigen Projekten wurden auch einfach kostengünstige Aluflexrohre als erster Meter des Abluftkanalnetzes eingebaut, die leicht zugänglich bei Bedarf ausgewechselt und entsorgt und ersetzt werden können.

Bei der Platzierung sollte darauf geachtet werden, dass der Abluftdurchlass nicht direkt über den Kochplatten angeordnet wird, damit die Fettwrasen nicht unmittelbar eingesaugt werden. In erster Linie soll die Dunstabzugshaube die Fettdämpfe aufnehmen.

7.15 Frostschutz

Im hocheffizienten Gegenstromwärmeübertrager (siehe Kapitel 6.2) wird die Abluft, bevor sie den Wärmeübertrager als Fortluft verlässt, so weit abgekühlt, dass sie je nach Außentemperatur den Taupunkt unterschreitet. An Frosttagen kann das anfallende Kondensat sogar gefrieren. Es bildet sich dann ein Reif- und Eisansatz, der auf Dauer die Lamellenabstände versperrt, den Druckabfall erhöht oder sogar zu einer Zerstörung des Wärmeübertragers führen kann (Leckagen). Um dies zu vermeiden, können unterschiedliche Frostschutzstrategien eingesetzt werden, die nachfolgend erläutert werden. Gerade bei diesem Thema sollte bei der Auswahl und Inbetriebnahme sehr sorgfältig geplant und gearbeitet werden, weil hier Fehler zu hohem unnötigen Energieverbrauch führen können.

7.15.1 Vorheizen der Außenluft

Die gebräuchlichste Variante, den Frostschutz sicherzustellen, ist die Vorheizung der Außenluft auf die sogenannte „Frostschutzgrenztemperatur", also die Temperatur, die gerade ausreicht, um sicherzustellen, dass das Kondensat am kältesten Punkt im Wärmeübertrager auf der Fortluftseite nicht gefrieren kann. Diese Temperatur (gemessen in der Außenluft) ist nicht, wie fälschlicherweise angenommen werden könnte, bei 0 °C, sondern je nach Wärmerückgewinnungsgrad deutlich darunter. Das liegt daran, dass zwischen der Außenluft und der Fortluft aufgrund der Wärmeübergänge noch eine gewisse Temperaturdifferenz vorliegt. Die Oberflächentemperatur der Wärmeübertragerplatten nimmt bei einer Außenlufttemperatur am Gefrierpunkt eben noch keine 0 °C an. Erst ab etwa –3 °C bzw. noch tieferen Temperaturen kommt es bei Geräten mit einem Wärmerückgewinnungsgrad von 80 % zu Frostansatz. Bei geringerem Wärmerückgewinnungsgrad liegt die Frostschutzgrenztemperatur sogar noch niedriger. Da diese Grenztemperatur stark von der Bauart des Wärmeübertragers abhängt, sollten Sie sich hier nach den Angaben des Herstellers richten, bis zu welcher Temperatur das Gerät ohne Vorheizung betrieben werden darf. Bei Wärmeübertragern mit Feuchterückgewinnung ist u. U. überhaupt keine Vorheizung notwendig, weil dabei kein Kondensat anfällt. Der Wasserdampf wird per Diffusion in den Außenluftvolumenstrom übertragen.

Nun stellt sich die Frage, wie diese Vorheizung realisiert werden soll. Hinsichtlich der Investitionskosten ist die einfachste Möglichkeit ein elektrisches Vorheizregister, das nach Möglichkeit mit einer Stetigregelung auf den Sollwert der Frostschutzgrenztemperatur regelt. On-/Off-Regelungen mit längeren Taktzeiten weisen hohe Überschwinger und damit eine hohe Hysterese auf. Unnötig hohe Fortlufttemperaturen und damit Verluste wären die Folge.

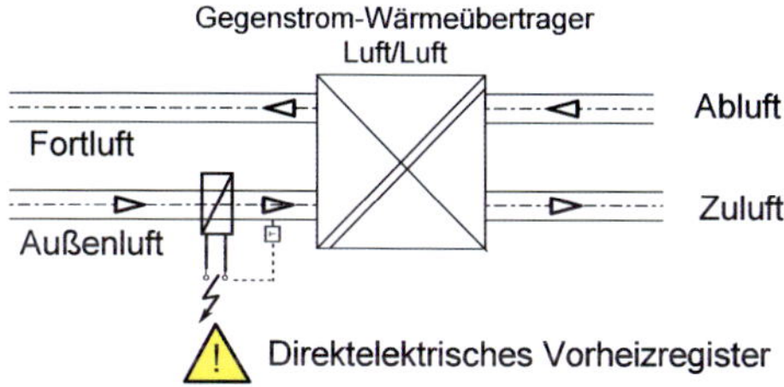

Abbildung 7.36 Prinzip der Außenluftvorerwärmung mit Frostschutzheizregister (links) und elektrisches Vorheizregister mit leichter Reinigbarkeit (rechts) (Quelle: KL Lufttechnik GmbH)

Eine direkt-elektrische Heizung ist zwar technisch einfach, allerdings mit hohem Primärenergieaufwand verbunden. Im Geschosswohnungsbau können zentrale Anlagen daher auch mit hydraulischen Heizregistern zur Frostschutzvorheizung ausgestattet werden. Der Aufwand für die Installation und die Wartung (Überprüfung der Konzentration) des Glycolkreislaufs ist allerdings relativ hoch. Das Frostschutzmittel wird benötigt, damit auch bei Ausfall der Pumpe kein Frostschaden auftreten kann. In diesem Kreislauf wird zusätzlich noch ein Ausdehnungsgefäß benötigt. Die Wärme kann dann vom Wärmeerzeuger der Heizung mit günstigerem Primärenergiekennwert als direktelektrisch zur Verfügung gestellt oder mittels Sole-Erdwärmeübertrager aus der Umweltwärme gewonnen werden (siehe https://sole-ewt.de/systembeschreibung/).

Um den Wartungsaufwand (Glycolkreis und Pumpe prüfen) zu verringern, wurde von der Universität Innsbruck ein Frostschutzsystem mit Heatpipe entwickelt (siehe Abbildung 7.37).

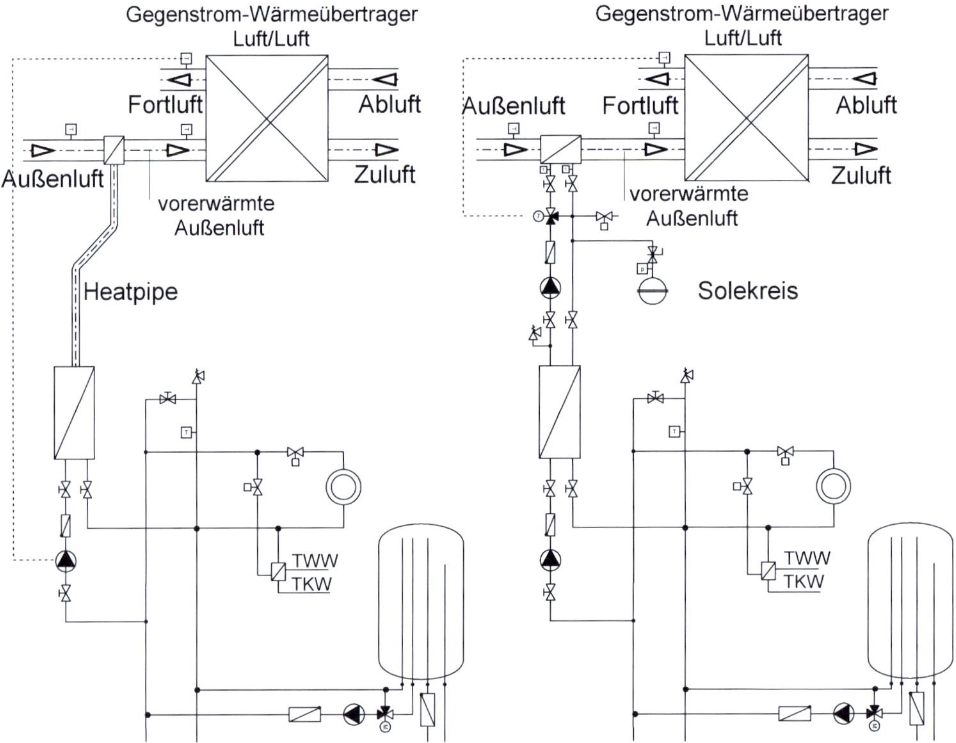

Abbildung 7.37 Hydraulisches Heizregister mit Wasser-/Glycol-Kreislauf (rechts) bzw. Heatpipe-System (links)

7.15.2 Abtauen mit Umluft

Von der Lufttechnik Schmeißer GmbH, Berlin wird seit vielen Jahren ein alternatives Frostschutzprinzip basierend auf Umluft eingesetzt, mit dem auf ein elektrisches oder hydraulisches Frostschutzheizregister zur Gänze verzichtet werden kann. Bei diesen Geräten wird eine beginnende Vereisung des Wärmeübertragers bewusst hingenommen. Die Balanceregelung (siehe Kapitel 6.1.4.4) sorgt trotz etwas ansteigendem Druckverlust weiterhin für einen balancierten Betrieb. Nach einer Stunde unterbricht die Mikroprozessorregelung den Lüftungsbetrieb. Der Fortluftventilator wird abgeschaltet und eine geräteinterne Umschaltklappe unterbricht den Außenluftvolumenstrom. Während der Abtauphase wird Umluft über die Zuluftstrecke des Wärmeübertragers geleitet, die sich dabei erwärmt und das Eis abschmelzen lässt. Die Umluft wird dabei aus einem nicht geruchsbelasteten Raum (z. B. Aufstellraum oder Flur) entnommen. Um eine Eisbildung auf der noch frostigen Kondensatauffangschale zu unterbinden, wird diese während der Abtauzeit beheizt (Quelle: Lufttechnik Schmeißer GmbH).

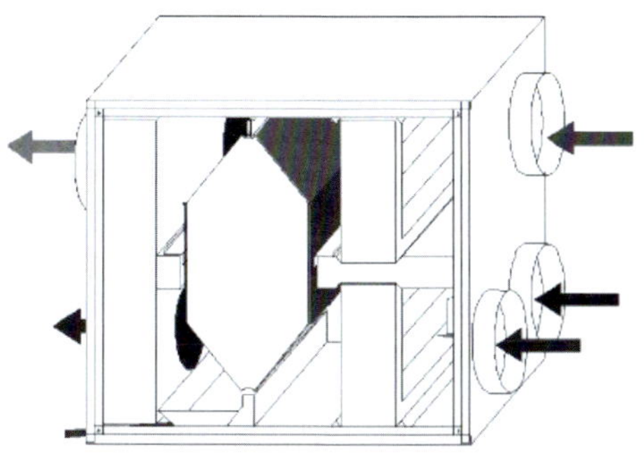

Energiebilanz beim Abtauen
(bei - 12 °C Außentemperatur und 120 m³/h)

Kondensatheizung (6 min 20 W)		*0,002 kWh*
Energie aus der Umluft	*ca.*	*0,025 kWh*
	ca.	*0,027 kWh*

Abbildung 7.38 Abtauautomatik Gerät mit zusätzlichem Umluftluftstutzen, Energiebilanz beim Abtauen, (Quelle: Lufttechnik Schmeißer GmbH)

7.15.3 Disbalance

Wird der Zuluftventilator im Volumenstrom gegenüber dem Abluftventilator reduziert oder abgeschaltet, so wird die Fortluft nicht mehr abgekühlt und kann in dieser Zeit den Frostansatz am Wärmeübertrager abtauen. Diese Strategie ist relativ einfach umzusetzen und wird daher auch von einigen Herstellern praktiziert, ist aus nachfolgenden Gründen allerdings nicht zu empfehlen und wird als Frostschutzstrategie für zertifizierte Geräte auch nicht zugelassen.

Aus Behaglichkeitsgründen wird in jeder Betriebssituation (also auch im Abtaubetrieb) gefordert, dass der Außenluftvolumenstrom gleich dem Fortluftvolumenstrom ist (balancierter Betrieb, siehe Kapitel 6.1.4), damit keine unzulässige hohe Infiltration zu Zugerscheinungen (eintretende Kaltluft genau in der Zeit hoher Heizlast) führen kann. Soll in einem Passivhaus mit der Zuluft geheizt werden, so wird an Tagen mit der höchsten Heizlast die volle Betriebszeit benötigt, um die Wärme über die Zuluft einzubringen (begrenzter Wärmekapazitätsstrom der Frischluft, wenn ohne Umluft gearbeitet wird). Eine zeitweilige Zuluftabschaltung ist dann auch deshalb nicht möglich. Ein weiterer Grund betrifft die Strömungsgeräusche. Ein intermittierender Betrieb wird von den Nutzern wegen der wechselnden Schallintensität als unangenehm empfunden.

Zusammenfassend soll also festgehalten werden, dass eine Abtauautomatik über Zuluftabschaltung im Wohnungsbau nicht zielführend ist.

7.16 Schallschutz und Schalldämpfer

Wie bereits in Kapitel 7.7 erläutert, ist sehr guter Schallschutz eines der wesentlichen Kriterien für hohe Nutzerakzeptanz. Dies bezieht sich sowohl auf die Geräteschallabgabe als auch auf den Telefonieschall. In Abbildung 7.39 sind die drei möglichen Wege der Schallbelastung durch Lüftungsanlagen dargestellt.

Für lüftungstechnische Anlagen gilt für Aufenthaltsräume (ausgenommen Küchen), bezogen auf die lufthygienisch mindesterforderliche Betriebsart, ein äquivalenter Anlagengeräuschpegel $L_{\mathrm{Aeq,nT}}$ von 25 dB.

Im Geschosswohnbau beträgt die mindesterforderliche bewertete Standard-Schallpegeldifferenz $D_{\mathrm{nT,w}}$ aus Aufenthaltsräumen zu Aufenthaltsräumen anderer Nutzungseinheiten 50 dB bzw. aus Räumen anderer Nutzungseinheiten zu Nebenräumen 35 dB (Quelle: OIB-Richtlinie Schallschutz, OIB-330.5-002/2015). Das wichtigste Prinzip beim Schallschutz ist, an der Quelle anzusetzen, d. h. möglichst ein Gerät mit bereits geringer Schallemission ab Gehäuse und Gerätestutzen zu wählen. Wird das Gerät in einen schallgeschützten Raum platziert, spielt die Gehäuseschallabgabe keine Rolle. Im nachträglichen Einbau in Bestandsgebäude steht hierfür jedoch normalerweise kein eigener Raum zur Verfügung, es sei denn, es bietet sich eine ehemalige Speisekammer oder ein kleiner Abstellraum an. In der Liste der zertifizierten Geräte finden sich jedoch auch Geräte mit besonders geringer Schallabstrahlung. Die Grenze für den Geräteschall liegt bei 35 dB(A), wenn das Gerät nicht in einem eigenen Technikraum aufgestellt werden soll.

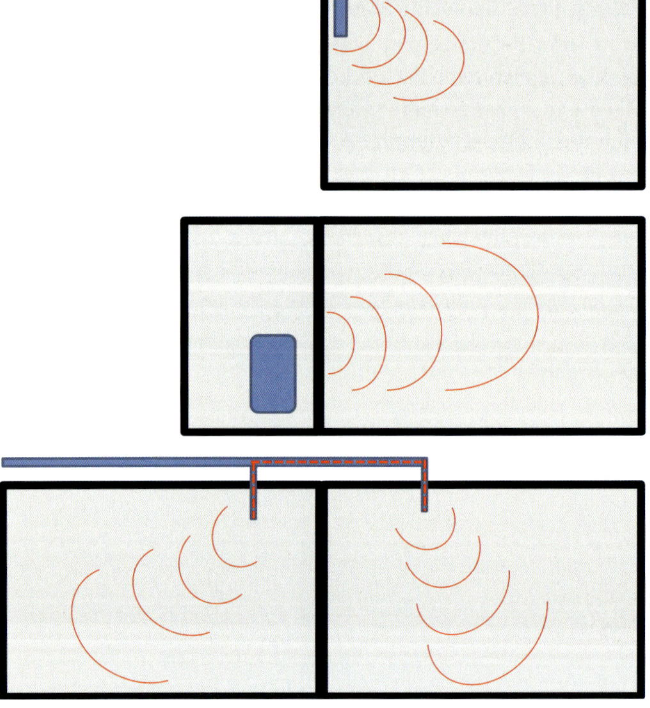

Abbildung 7.39 Mögliche Schallbelastung durch Lüftungsanlagen: Zu- bzw. Abluftdurchlässe (oben), Geräteschall (Mitte), Telefonieschall (unten)

Die Schallbelastung aus Zu- und Abluftauslässen rührt sowohl vom Ventilatorgeräusch des Lüftungsgeräts als auch von Strömungsgeräuschen und dem Telefonieschall (siehe Kapitel 7.16.2) her und kann durch die Einfügedämpfung von Telefonieschalldämpfern und Luftdurchlässen minimiert werden.

Unter www.passiv.de steht ein kostenloses Tool zur Berechnung aller wesentlichen Schallübertragungsmechanismen zur Verfügung. Damit kann auch die Auslegung der Schalldämpfer erfolgen.

Gerade beim nachträglichen Einbau von Wohnungslüftungsanlagen spielt der Platzbedarf für die Schalldämpfer eine große Rolle und wirkt sich damit, wie in Kapitel 7.4.2.1 erläutert, unmittelbar auf die Deckenabhängungen oder Abkofferungen aus. In diesem Kapitel sollen daher unterschiedliche Bauweisen und deren Funktion und Anwendung in der Sanierung erläutert werden.

7.16.1 Geräteschalldämpfer

Zunächst sollte man, wie bereits erwähnt, schon bei der Auswahl der Geräte auf möglichst geringe Schallleistungspegel an den Gerätestutzen achten. Die Werte werden jeweils im Zertifikat ausgewiesen und Empfehlungen für passende Schalldämpfer gegeben (www.passiv.de). Je leiser die Geräte an sich, umso geringer der Aufwand für die Schalldämpfer. Ob außen-/fortluftseitig auch Schalldämpfer benötigt werden, hängt davon ab, wie leise das Gerät selbst ist und ob Störungen in der Nachbarschaft (Fenster, Terrassen in der Nähe der Luftdurchlässe) zu erwarten sind. Jeder Schalldämpfer bedeutet Investitionskosten und einen nicht unerheblichen Platzbedarf, nicht nur im Querschnitt, sondern auch in der Länge (ca. 1 m). Durch geschickte Auswahl können Schalldämpfer auf spezielle Frequenzbereiche bzw. Geräte optimiert werden.

Bei Zentralanlagen im Geschosswohnungsbau stellt die Kombination von Schalldämpfer und Volumenstromregler eine platzsparende Alternative dar (siehe Kapitel 7.17).

Prinzipiell unterscheidet man zwischen Rohr- und Kulissenschalldämpfer. Kulissen- bzw. Umlenkschalldämpfer haben besonders im tieffrequenten Bereich Vorteile. Gerade dieser Frequenzbereich ist bei vielen Lüftungsgeräten kritisch. Allerdings können die Kulissen bzw. Umlenkungen bei der Reinigung der Kanäle behindern, weil das Reinigungsgerät hängen bleiben kann bzw. nicht alle Kammern (Kulissenzwischenräume) von der Reinigung erfasst werden.

Bei den Prüfberichten und Herstellerangaben von Schalldämpfern werden üblicherweise nur die sogenannten Einfügedämpfungen angegeben, also wie stark der Schall beim Durchgang

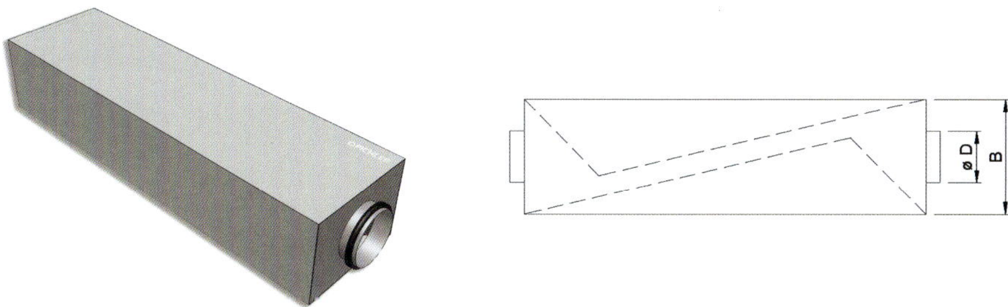

Abbildung 7.40 Kulissenschalldämpfer (Umlenkschalldämpfer) (Quelle: J. Pichler GmbH)

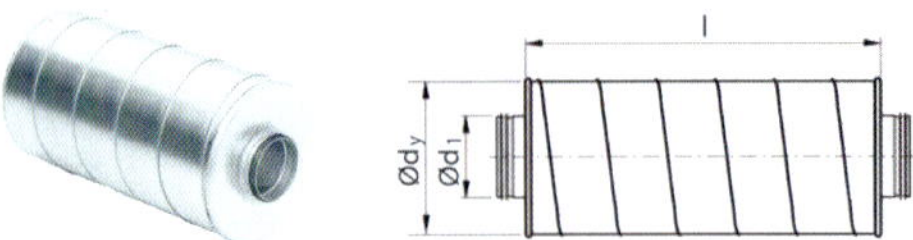

Abbildung 7.41 Rohrschalldämpfer (Quelle: J. Pichler GmbH)

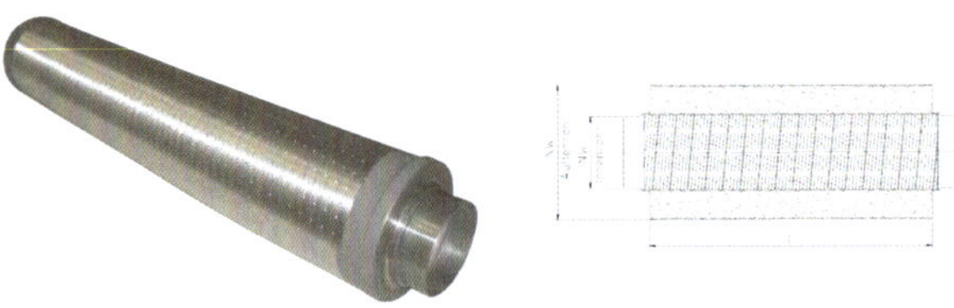

Abbildung 7.42 Flexibler Rohrschalldämpfer (Quelle: J. Pichler GmbH)

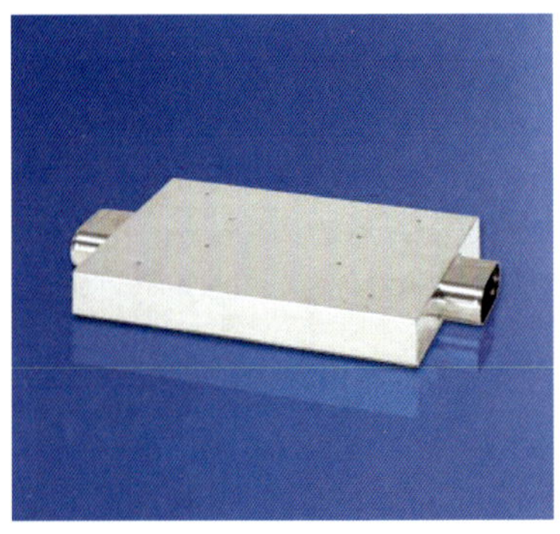

Abbildung 7.43 Flachschalldämpfer mit Kulissen, Abmessungen (L x B x H): 820 x 330 x 50 mm (Quelle: Westaflexwerk GmbH)

durch den Schalldämpfer reduziert wird. Zu beachten ist allerdings, dass auch ein Schallaustritt nach außen erfolgt. Wird der Schalldämpfer in einem untergeordneten Raum montiert, in dem die Schallemission nicht stört, ist dies natürlich unproblematisch. Es sind jedoch auch Schalldämpfer im Handel, die eine extrem leichte Folienumhüllung aufweisen. Sie sind in der Einfügedämpfung im tieffrequenten Bereich sehr gut. Dies liegt aber nur daran, dass sie den Schall nach außen durchlassen. In diesem Fall ist darauf zu achten, dass die Schallabgabe nicht zu Störungen führt.

7.16.2 Telefonieschalldämpfer

Um die Schallübertragung (z. B. Sprachschall) zwischen zwei Räumen zu minimieren, werden sogenannte Telefonieschalldämpfer eingesetzt. Dies ist notwendig, weil der Schall durch Lüftungskanäle durch Mehrfachreflexionen fast ungehindert weitergeleitet wird. Es ist daher notwendig, mindestens zwischen allen Wohn-, Schlaf- und Aufenthaltsräumen jeweils mindestens einen Telefonieschalldämpfer zu platzieren. Um sicherzugehen, dass auch Strömungsgeräusche von Formstücken etc. minimiert werden, sollte nach Möglichkeit sogar vor jedem der Luftdurchlässe ein Telefonieschalldämpfer angeordnet werden.

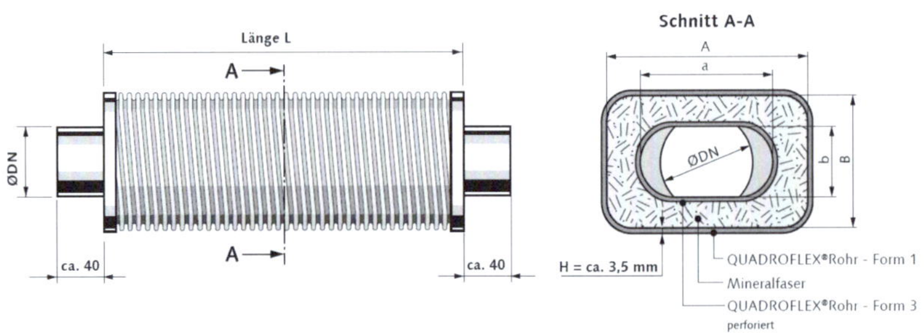

Abbildung 7.44 Rechteckschalldämpfer (Quelle: Westaflexwerk GmbH)

Sollen die Schalldämpfer in der Deckenabhängung untergebracht werden, bestimmt die Höhe des Außenmantels die notwendige lichte Höhe. Mithilfe von Flach- oder Rechteckschalldämpfern kann daher gegenüber Rundschalldämpfern Aufbauhöhe gespart werden. Falls auch hierfür kein Platz mehr in der Deckenabhängung zur Verfügung steht, kann der Telefonieschallschutz entweder in einen Verteilerkasten oder direkt an den Luftauslass (schallgedämmter Schlitzauslass-Anschlusskasten, siehe Abbildung 7.45) verlegt werden.

Abbildung 7.45 Telefonieschalldämpfer für Schlitzauslässe für die Wandintegration (Quelle: Schako KG)

7.17 Volumenstromregler

Im Geschosswohnbau werden häufig Zentralgeräte für mehrere Wohneinheiten eingesetzt, weil dann die Wartung zentral ohne Notwendigkeit des Zugangs zu privaten Bereichen durchgeführt werden kann. Ganz ohne Wartungsarbeiten in der Wohneinheit selbst kommt man aber auch dann nicht aus, denn jede Wohneinheit benötigt eine Einrichtung, um den Volumenstrom individuell einzustellen. Das Zentralgerät sorgt, meist mithilfe einer Konstantdruckregelung, für konstanten Vordruck. In den Wohneinheiten werden dann sogenannte Volumenstromregler eingebaut, die den Volumenstrom entweder konstant oder in verschiedenen Stufen regeln. Sie werden üblicherweise ebenfalls in der Deckenabhängung (z. B. im Flur) untergebracht. Aus Platzgründen und zur Vereinfachung der Montage bieten sich hier kombinierte Produkte aus Volumenstromregler, Schalldämpfer und ggf. Luftverteiler/Sammler an, siehe Abbildungen 7.46 und 7.47. In jedem Fall muss der Regler mittels Wartungsklappe zugänglich gemacht werden.

Der vom Hersteller angegebene Vordruck (im Bereich von ca. 30 Pa bei aktiven Volumenstromreglern) ist erforderlich, damit die Regelgenauigkeit eingehalten wird. Dies wird meist mithilfe einer „Konstantdruckregelung“ sichergestellt, siehe Abbildung 7.48.

Mithilfe einer intelligenten Steuerung des Druckniveaus kann im Geschosswohnungsbau gegenüber der einfachen Konstantdruckregelung nochmals Ventilatorstrom eingespart werden, insbesondere dann, wenn eine starke Variation der eingestellten Volumenströme in den einzelnen Wohneinheiten auftritt. Wird der Vordruck an jedem Volumenstromregler einzeln gemessen und daraus der minimal notwendige Vordruck bestimmt, der gebraucht wird, damit alle Volumenstromregler mit ausreichend Vordruck versorgt werden, so kommt man im Vergleich zur *Konstandruckregelung* mit geringerer Ventilatorleistung aus. Diese Regelung wird als *druckoptimierte Regelung* bezeichnet, siehe Abbildung 7.49.

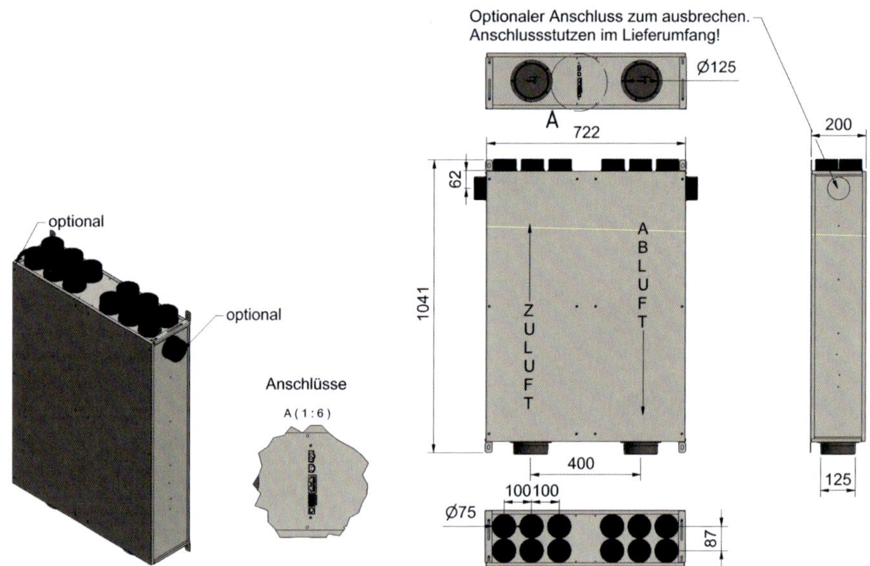

Abbildung 7.46 Kombination aus Schalldämpfer, Volumenstromregler und Verteiler (Quelle: KL Lufttechnik GmbH)

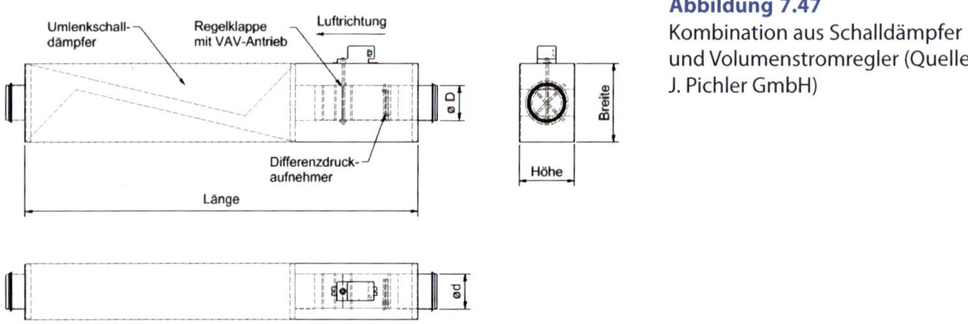

Abbildung 7.47 Kombination aus Schalldämpfer und Volumenstromregler (Quelle: J. Pichler GmbH)

Der Druckverlust eines hydraulisch unveränderten Lüftungsnetzes erhöht sich mit dem Quadrat des Luftvolumenstroms und die erforderliche hydraulische Leistung wächst sogar mit der dritten Potenz bei gleichbleibenden Kanalquerschnitten. D. h., bei halbiertem Volumenstrom beläuft sich die notwendige hydraulische Leistung nur noch auf ein Achtel der Ausgangsleistung, wenn mit der „druckoptimierten Regelung" gearbeitet wird. Bei „Konstantdruckregelung" kann dieses Potenzial bei Teillastbetrieb nicht ausgeschöpft werden. Als Vorteil stellt sich aber bei diesem System heraus, dass die einzelnen Volumenstromregler nicht über ein Bus-System verbunden werden. Dieser Verkabelungsaufwand stellt für den Wohnungsbau (insbesondere bei der nachträglichen Installation) einen nicht zu unterschätzenden Kostenfaktor dar.

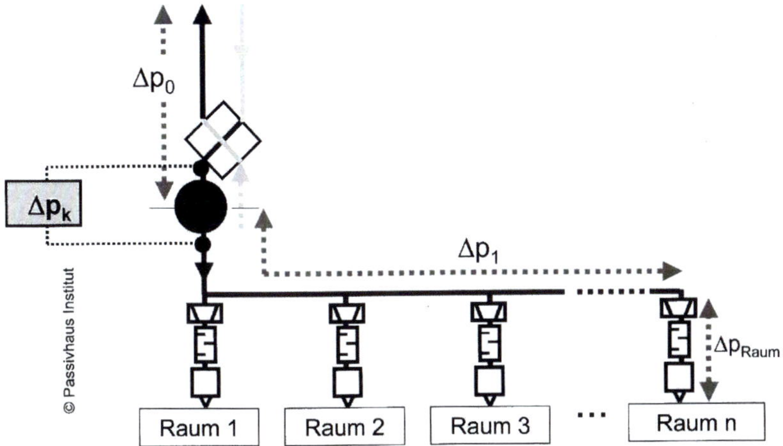

Abbildung 7.48 Schema einer „Konstantdruckregelung" Darstellung nur vom Zuluftstrang (Quelle: Passivhaus Institut GmbH)

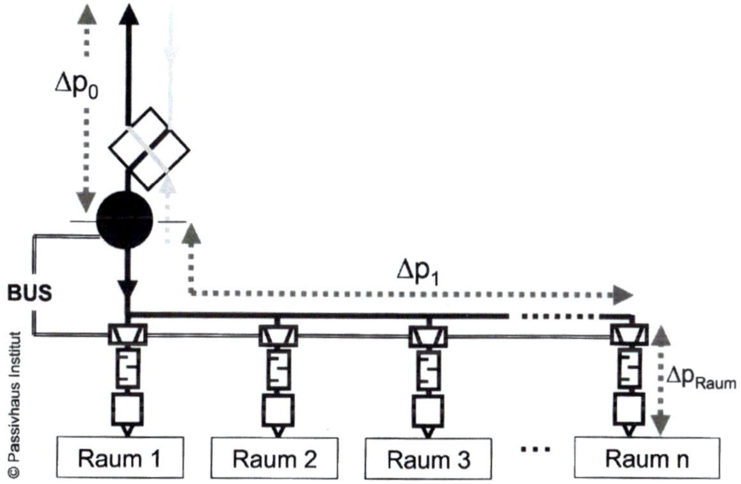

Abbildung 7.49 Schema der „druckoptimierten Regelung", Darstellung nur vom Zuluftstrang (Quelle: Passivhaus Institut GmbH)

7.18 Steuerung, Regelung und Bedieneinheit

Alle heute verfügbaren Lüftungsgeräte verfügen über eine mehr oder weniger komplexe Steuerung/Regelung. Diese erfüllt eine oder mehrere der folgenden Aufgaben:

- Inbetriebnahme und Setup
- Nutzersteuerung, Stufenbetrieb
- Zeitsteuerung
- Automatikbetrieb, ggf. bedarfsgeführte Regelung
- Wartungs- und Störmeldungen
- Notabschaltung (Rauch, CO etc.)
- Standby-Funktionen

Die Menüs sind aufgeteilt nach Aufgaben betreffend Inbetriebnahme, Wartung, Kundendienst etc. und den normalen Bedienfunktionen für den Nutzer.

7.18.1 Inbetriebnahme

Bei der *Inbetriebnahme* sind die wesentlichen Größen die Volumenströme bei den jeweiligen Betriebsstufen, der Balanceabgleich und die Frostschutzgrenztemperatur. Die Volumenströme werden, wie in Kapitel 1.3 erläutert, entsprechend der Sollwerte für die Stufen „minimal“ (54 %), „normal“ (77 %) und „Stoßlüftung“ (100 %) eingestellt. Ziel ist in jedem Fall, die *Volumenstrombalance* zumindest in der Betriebsstufe „normal“ möglichst genau zu erreichen (± 10 %), weil diese Betriebsstufe die längste Betriebszeit aufweist. Einige Geräte verfügen über sog. „Konstantvolumenstromventilatoren“, also drehzahlgesteuerte Ventilatoren, die über eine Werkskalibrierung mittels vorgegebener Steuerspannung einen konstanten Volumenstrom einhalten können. Dies gilt sowohl für den Zu- als auch den Abluftventilator. Aufgrund von Toleranzen der Kennlinien und unterschiedlichen Anströmungen können dennoch Disbalancen auftreten, die man durch manuelles Abändern der Steuerspannung nachkorrigieren kann.

Wenn keine Konstantvolumenstromventilatoren eingebaut sind, müssen die Ventilatordrehzahlen der jeweiligen Lüftungsstufen bestimmt werden, die jeweils zur Balance führen. Diese werden dann im Gerät abgespeichert und bei der jeweiligen Lüftungsstufe abgerufen. Treten jedoch irgendwelche Änderungen auf, welche sich auf den Druckverlust des Kanalnetzes auswirken (Verstellen der Auslässe, Filterverschmutzung etc.), so müssen diese wieder neu bestimmt werden. Die Balance sollte also in regelmäßigen Abständen messtechnisch nachgeprüft werden. Dies gelingt am einfachsten, wenn Staukreuze oder Messblenden eingebaut wurden.

Aus energetischer Sicht ist neben der Balanceeinstellung die Einstellung der *Frostschutzgrenztemperatur* die wichtigste Größe. Hier sollten Sie einerseits eine Temperatur einstellen, die so hoch ist, dass sie Frostbildung sicher vermeidet, andererseits so gering ist, dass sie keine unnötig hohen Energieverbräuche für die Vorheizung verursacht. Fehleinstellungen können sich in beide Richtungen fatal auswirken, denn Frostbildung kann den Wärmeübertrager zerstören (Leckagen) bzw. zu hohe Grenztemperaturen können den Energieverbrauch mehr als verdoppeln.

Verfügt das Gerät über eine *Zeitsteuerung*, können meist über Wochenprogramme die Betriebsstufen im Voraus gewählt werden. So können die Volumenströme z. B. nachts und am Wochenende variiert werden.

Wird das Gerät mit einer *bedarfsgeführten Steuerung* geführt, kann der Nutzer die Grenzwerte z. B. für CO_2 oder Feuchte einstellen. Bitte achten Sie auch hier auf einen Kompromiss zwischen Betriebskosten und Komfort. Eine Feuchtesteuerung ist insbesondere dann sinnvoll, wenn das Gerät mit Rekuperator über einen Feuchteübertrager verfügt. Dieser kann den Feuchterückgewinnungsgrad nicht regeln. Die Raumluftfeuchte kann dann nur über den Volumenstrom (Außenluftwechsel) beeinflusst werden.

7.18.2 Wartungs- und Störmeldungen

Wartungsmeldungen können z. B. den Filterwechsel betreffen. Einige Geräte verfügen über eine Druckdifferenzmeldung und erkennen selbstständig den Druckverlustanstieg durch Filterverschmutzung. Aus hygienischen Gründen sollte man die Filter unabhängig davon aber mindestens einmal pro Jahr wechseln, auf jeden Fall aber vor dem Wiederanfahren der Anlage nach längeren Stillstandszeiten. *Störmeldungen* können den Nutzer z. B. auf einen Ventilatorausfall hinweisen. In jedem Fall sind Störmeldungen nach durchgeführter Behebung der Störung oder Reparatur am Gerät zu quittieren.

Raucherkennung an der Außenluftansaugung oder CO-Erkennung bei Unterdruck (in Verbindung mit Feuerstätten) kann zu einer *Notabschaltung* führen und muss ebenfalls am Gerät quittiert werden.

Bei der Geräteauswahl sollten Sie generell auf einen *Standby-Verbrauch unter einem Watt* achten. Dabei sollte das Gerät ohnehin auch bei Stromausfall wieder mit einem betriebssicheren Default-Betrieb starten und die Einstellungen der Inbetriebnahme sowie Datum und Uhrzeit nicht „vergessen" haben.

7.18.3 Stufenschalter

Theoretisch könnten heute bei fast allen Geräten die Volumenströme stufenlos eingestellt werden. Dennoch hat sich, wie in Kapitel 8.1 zur Inbetriebnahme erwähnt, eine einfache Dreistufenschaltung bewährt. Die Stufe „*minimal*" wird z. B. bei Abwesenheit der Bewohner eingestellt, damit zwar noch eine gewisse Grundlüftung (Außenluftwechsel ca. 0,25–0,3 1/h) zur Abfuhr von Schad- und Geruchsstoffen sowie für die Entfeuchtung der Wohnungen gegeben ist, die Luft im Kernwinter aber nicht zu trocken wird.

Die Stufe „*normal*" betrifft den Dauerbetrieb bei Anwesenheit und richtet sich nach der üblicherweise vorhandenen Personenzahl multipliziert mit 30 m^3/h. Die davon um ca. 30 % nach oben abweichende Betriebsstufe „*Stoßlüftung*" sollte nach ca. 30 bis 45 Minuten wieder selbsttätig in die Normalbetriebsstufe zurückfallen, weil Nutzer dieses Zurückschalten meist vergessen und die Luft dann im Winter oft zu trocken wird und unnötig hoher Stromverbrauch entsteht.

Die Ventilatorstufen können normalerweise nicht nur direkt am Gerät eingestellt werden, sondern auch an einer Fernbedienung, die üblicherweise an zentraler Stelle in der Wohnung (z. B.

8 Übergabe, Instandhaltung und Betrieb

Nach der Fertigstellung und Inbetriebnahme durch den jeweiligen Installationsbetrieb erfolgt die Übergabe an den Nutzer. Dazu gehört eine Einweisung in die wesentlichen Bedien- und Wartungstätigkeiten und sowohl die technischen Unterlagen als auch die Bezugsquellen für Ersatzteile (insbesondere die Filter) sind zu übergeben. Bezüglich der Filter sollten zumindest schon einige Exemplare für die anfängliche Betriebsphase vorgehalten werden, damit nicht gleich wieder nachbestellt werden muss, denn die Filter verschmutzen gerade in der Bauphase doch deutlich rascher.

Bei dieser Nutzereinweisung ist auch auf die Bedeutung und Funktion der einzelnen Komponenten und Bauteile der Anlage hinzuweisen. Wurde z. B. die Türzarge als Überströmelement ausgefräst, so muss der Nutzer dies wissen, damit der Spalt beim Tapezieren nicht mit Tapete verschlossen wird. Ebenso ist auf die Bedeutung der individuellen raumweisen Einstellung bei den Zu- und Abluftdurchlässen hinzuweisen, damit sie nicht aus Unkenntnis vertauscht werden (beispielsweise, wenn sie beim Tapezieren temporär entfernt wurden). Hier hilft z. B. eine Beschriftung der Luftdurchlässe.

8.1 Inbetriebnahme und Einregulierung

Die genaue Vorgehensweise bei der Inbetriebnahme und Einregulierung hängt stark von der Art der Gerätesteuerung und deren Hard- und Software ab. Bereits in Kapitel 7.18.1 wurde in Bezug auf die Steuerung/Regelung auf das Thema Balanceabgleich eingegangen. Empfohlen wird ein automatischer Balanceabgleich. Welche technischen Möglichkeiten und Varianten bestehen, wurde bereits in Kapitel 6.1.4 aufgezeigt. In den nachfolgenden Abschnitten werden die erforderlichen Schritte in Form einer Checkliste angeführt, damit – unabhängig von der Art des Geräts – keine wesentlichen Schritte übersehen werden. Einige dieser Schritte, wie z. B. die Überprüfung des Balanceabgleichs, sollten in regelmäßigen Abständen wiederholt bzw. überprüft werden. Sie werden in Kapitel 8.3 zur Wartung jedoch nicht nochmals erwähnt, sondern sind in den folgenden Tabellen der Checklisten als regelmäßig zu überprüfen gekennzeichnet.

8.1.1 Checklisten

Nachfolgende Checklisten (Quelle: Passivhaus Institut GmbH) betreffen die gesamte Anlage und sollten im Rahmen der Qualitätssicherung und Abnahme der Lüftungsanlage sorgfältig durchgegangen werden. Sie sind gegliedert nach Lüftungsgerät, Filter, Außenluftansaugung und Fortluftauslass, das Kanalnetz selbst sowie in Bezug auf alle Ventile und Überströmöffnungen. Abschließend werden noch die Zusatz- und Sicherheitseinrichtungen überprüft.

Tabelle 8.1 Checkliste zur Überprüfung des Lüftungsgeräts

Überprüfung des Lüftungsgeräts	Regelmäßige Überprüfung
Überprüfung aller elektrischen Anschlüsse (Netzanschluss, Regelung/ Bedieneinheit, Stoßlüftungstaster, externe Sensoren)	
Zugänglichkeit des Lüftungsgeräts für Revision (Filter, Kondensatwanne, Kondensatleitung, Wärmeübertrager komplett für Reinigungszwecke entnehmbar, Sommerbypass)	
Zu- und Abluftventilator auf Balance eingestellt	x
Ist der Wärmeübertrager sauber, unbeschädigt und korrekt eingebaut (Dichtheit im Gerät und am Gehäusedeckel prüfen)?	x
Korrekten Anschluss aller Lüftungskanäle (Zu-/Ab-/Fort-/Außen- und ggf. Umluft) am Gerät überprüfen und korrekt beschriften (Pfeil mit Luftrichtung angeben)	
Körperschallentkoppelung beim Abgang aller Kanäle vom Zentralgerät vorhanden	
Körperschallentkoppelte Gerätemontage bei Wand- oder Deckenbefestigung	
Kondensatablauf mit doppeltem Siphon am Abwasserkanal angeschlossen (Gefälle und Füllung der Siphons prüfen bzw. Kugelsiphon verwenden). Die Einleitung des Kondensats in die Abwasserleitung muss durch eine freie Entwässerung über einen zusätzlichen bauseits zu installierenden Siphon erfolgen.	x
Einstellung der Frostschutzgrenztemperatur bei Frostschutz über Vorheizregister (–3 °C oder noch geringere Temperatur, gem. Herstellerangaben) überprüfen	
Bei Frostgefahr (Außenaufstellung) Kondensatablauf gedämmt und beheizt.	

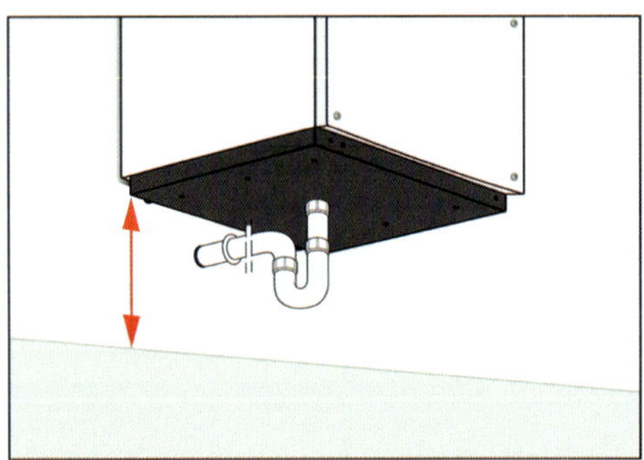

Abbildung 8.1 Siphon und Gerätemontage für Gefälle zur Abwasserleitung (links, Quelle: Fränkische Rohrwerke Gebr. Kirchner GmbH & Co. KG), Kondensatwanne auf Gefälle prüfen (rechts, Quelle: Passivhaus Institut GmbH)

Tabelle 8.2 Checkliste für die Überprüfung der Luftfilter

Überprüfung der Luftfilter	Regelmäßige Überprüfung
Außenluftfilter korrekt eingesetzt (Filtersitz auf Dichtheit und Strömungsrichtung prüfen), geplante Feinfilterqualität nach Vorgabe vorhanden, Filter sauber?	x
Abluftfilter korrekt eingesetzt (Filtersitz auf Dichtheit und Strömungsrichtung prüfen), geplante Grobfilterqualität nach Vorgabe vorhanden, Filter sauber?	x
Sind die vorgesehenen Vorlegefilter und Fettkondensationsfilter (Küche) an den Abluftventilen korrekt eingesetzt und sauber?	x
Filteranfangs- und Enddrücke in der Steuerung korrekt hinterlegt (Voraussetzung für korrekte Filterbeladungsanzeige)	

Abbildung 8.2 Überprüfung der Abluftfilter (© Zehnder Group)

Tabelle 8.3 Checkliste für Außenluftansaugung und Fortluftauslass

Überprüfung von Außenluftansaugung und Fortluftauslass
Ort der Außenluftansaugung möglichst 3 m über Grund, nicht in der Nähe von Orten mit erhöhter Luftbelastung, Schutz vor Regen und Flugschnee sowie Vandalismus
Außenluftgitter bzw. Dachhaube zugänglich, demontierbar und reinigbar?
Vermeidung von Kurzschlussströmung zwischen Fortluftauslass und Außenluftansaugung (Strömungsrichtung und Abstand so, dass keine Geruchsübertragung stattfinden kann)
Fortluftauslässe dürfen keine Bauteile anblasen (Kondensat und Reifbildung)
Außenwanddurchführung gegen Mauerwerk diffusionsdicht wärmegedämmt, Anschluss der Lüftungskanäle an die luftdichte Ebene
Bei *Innenaufstellung* des Lüftungsgeräts: Fortluft- und Außenluftkanal durchgehend min. 50 mm gedämmt, wärmebrückenfrei, diffusionsdicht und richtig angeschlossen?
Bei *Außenaufstellung* des Lüftungsgeräts: Zu- und Abluftkanal bis zur wärmegedämmten Gebäudehülle durchgehend min. 50 mm gedämmt, wärmebrückenfrei und richtig angeschlossen?

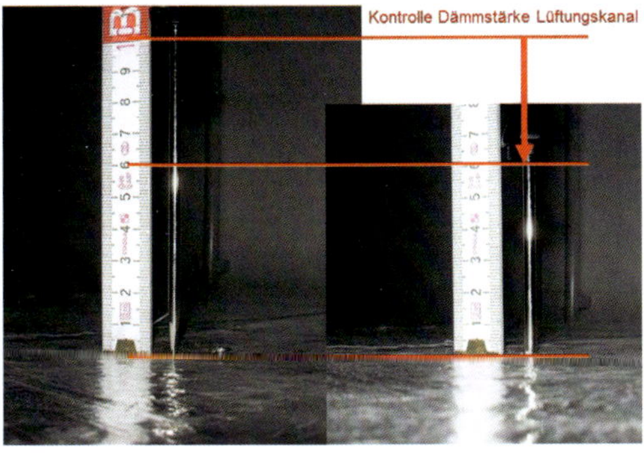

Abbildung 8.3 Überprüfung der tatsächlich aufgebrachten Dämmstärke am Kanal mittels Einstechen eines Nagels und Nachmessung der Eindringtiefe (Quelle: Passivhaus Institut GmbH)

Tabelle 8.4 Checkliste für Zu- und Abluftkanalnetz

Überprüfung des Zu- und Abluftkanalnetzes
Sind alle Elemente des Kanalsystems mechanisch verbunden (Empfehlung: genietete Verbindungen)?
Sind alle Elemente des Kanalsystems vom Bauwerk körperschallentkoppelt montiert?
Sind zumindest alle Kanalabschnitte, die im Unterdruck betrieben werden, sorgfältig auf Dichtheit überprüft? Bei Anlagen mit mehreren Wohneinheiten Kanalnetz abdrücken!
Überprüfung der Lüftungsplanung: Sind alle Räume entweder durch Zu- bzw. Abluft oder mittels Überströmöffnungen be- und entlüftet (auch Abstell- und Technikräume nicht vergessen)?
Sind alle vorgesehenen Schalldämpfer montiert (Geräteschalldämpfer in Zu- und Abluft sowie ggf. in Außen- und Fortluft)? Befindet sich immer zwischen je zwei Räumen mindestens ein Schalldämpfer?
Sind beheizte Zuluftkanäle in warmen Räumen ausreichend wärmegedämmt (ca. 20–30 mm Dämmstärke)?

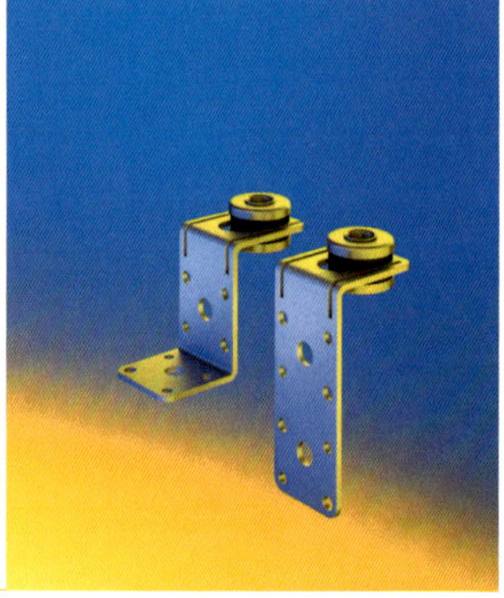

Abbildung 8.4 Lüftungsschellen mit Dämmeinlage (links), Lüftungswinkel mit Körperschallentkoppelung (Mitte) (Quelle: Sikla GmbH). Segeltuchstutzen zur Körperschallentkoppelung des Kanalnetzes (rechts) (Quelle: CVB GmbH)

Tabelle 8.5 Checkliste für Zuluft-, Abluft- und Überströmöffnungen

Überprüfung von Zuluft-, Abluft- und Überströmöffnungen
Zu- und Abluftvolumenströme der einzelnen Räume wie vorgesehen eingestellt (Dokumentation der Soll- und Istwerte vorhanden)? Die Einstellung kann sowohl am Luftdurchlass als auch an Drosselorganen vorher bzw. in Kombination erfolgen.
Sind die Zu- und Abluftventile und deren Einstellung gegen versehentliches Verstellen gesichert (Kontermuttern, Siegellack), deren Einstellung dokumentiert und die Ventile beschriftet, um sie gegen Verwechslung zu schützen?
Weitwurfdüsen ca. 15 cm (Mitte Einblasöffnung) unter der Decke angebracht (ansonsten kann sich keine Walze für den Coanda-Effekt ausbilden und die Störung legt sich nicht an die Decke an)?
Sind in allen Räumen die vorgesehenen Überströmöffnungen vorhanden (z. B. 1,5 cm Türspalt)? Überprüfung durch Nachmessen der Strömungsgeschwindigkeit (< 1 m/s) bzw. Druckdifferenz max. 1 Pa zwischen Raum und Überströmbereich)

Messprotokoll

☐ **Einregulierung** (sofern Einregulierung beauftragt und durch Helios freigegeben) Tellerventile ☐ St.

Zuluft						
Raumbezeichnung	Geschoss	Ventil-Nr. im Raum	Installationsort der Ventile*	Luftmenge geplant (m³/h)	Luftmenge gemessen (m³/h)	Öfnungsabstand/ Drehungen der Ventile
			Summe			*W=Wand, D=Decke, B=Boden

Abluft						
Raumbezeichnung	Geschoss	Ventil-Nr. im Raum	Installationsort der Ventile*	Luftmenge geplant (m³/h)	Luftmenge gemessen (m³/h)	Öfnungsabstand/ Drehungen der Ventile
			Summe			*W=Wand, D=Decke, B=Boden

Gemessen mit: ☐ Airflow-DIFF ☐ Testo 417 mit Gleichrichter ☐ Differenzdruckgerät ☐ Sonstiges: ______

Bemerkungen/ Mängel
(aus IBN-Protkoll S. 5)

Abbildung 8.5 Beispiel für ein Formular eines Einregulierungsprotokolls (Quelle: Helios Ventilatoren Ges.mbH)

Nach Aufsummieren von Zuluft und Abluft darf die vorhandene Disbalance 10 % nicht überschreiten (zur Einregulierung siehe Kapitel 8.1.2; Balanceabgleich siehe Kapitel 6.1.4).

Tabelle 8.6 Checkliste für Sicherheits- und Zusatzeinrichtungen

Überprüfung der Sicherheits- und Zusatzeinrichtungen	Regelmäßige Überprüfung
Frostschutz für hydraulisches Zuluftheizregister (falls vorgesehen) auf korrekte Frostschutzgrenztemperatur eingestellt und funktionsfähig? Glycolkreis regelmäßig prüfen!	x
Elektrisches Frostschutzheizregister (falls vorgesehen) auf korrekte Frostschutzgrenztemperatur eingestellt und funktionsfähig? Heizlamellen sauber und staubfrei?	x
Sicherheitseinrichtungen (4 Pa-Schalter bzw. 1 Pa-Schalter) bzw. CO-Wächter bei kombiniertem Betrieb mit Feuerungsstätten auf Funktionsfähigkeit kontrolliert?	x
Funktionsprobe Zuluftheizregister (falls vorhanden) durchgeführt (max. Zulufttemperatur 52 °C, sonst Geruchsbelastung durch Staubverschwelung)?	
Dunstabzugshaube im Geschosswohnungsbau nicht an die Lüftungsanlage angeschlossen (aus Brandschutzgründen nicht zulässig)? Stattdessen Umlufthaube verwenden.	

8.1.2 Einregulierung der Volumenströme

Nach der Inbetriebnahme und dem Durchgehen der Checkliste müssen, falls nicht schon durchgeführt, die Volumenströme einreguliert werden. Ziel ist es, die in der Planung festgelegten Sollwerte auch in der realen Anlage zu erreichen. Kleinere Abweichungen sind dabei tolerabel – wichtig ist jedoch, dass in Summe die Volumenstrombalance von Außen- und Fortluft auf mindestens ±10 % genau eingehalten wird. Messtechnisch ist dies auf unter ±5 % genau erreichbar.

Der Prozess der Einregulierung ist iterativ, d. h., er muss in mehreren Durchgängen erfolgen, weil eine Verstellung der Luftdurchlässe oder Drosselklappen wiederum eine Änderung in der Balance der gesamten Anlage bewirkt. Dieser Vorgang ist zeit- und arbeitsintensiv und muss explizit in die Ausschreibung aufgenommen, schriftlich dokumentiert und im Rahmen der Qualitätssicherung überprüft werden (siehe Checkliste), sonst wird dieser wichtige Teil der Inbetriebnahmephase schlecht oder gar nicht durchgeführt.

Die Art der Drosselung, um die einzelnen Volumenströme auf den gewünschten Sollwert zu bringen, kann sehr unterschiedlich ausfallen. Fast alle Luftdurchlässe haben eine Verstellmöglichkeit, sei es eine Verstellung der Spaltöffnungsweite bzw. Lochreihenabdeckung bei Weitwurfdüsen oder ein Verdrehen der Tellerventile, um den Ringspalt zu variieren. Viele Hersteller liefern dazu auch Diagramme und/oder Tabellen, die den Zusammenhang zwischen Druckdifferenz und Volumenstrom in Abhängigkeit der Öffnungsweite bzw. der geöffneten Lochreihen angeben. Hierzu wird ein Druckdifferenzmessgerät benötigt, mit dem in der jeweiligen Betriebsstufe der jeweilige Volumenstrom abgelesen oder berechnet werden kann. Dieses Prozedere ist allerdings relativ zeitaufwändig und ungenau. Daher bietet sich die direkte Messung des Volumenstroms mittels Messtrichter an, welcher über den Luftdurchlass gestülpt wird. Leider sind die Geräte, die lediglich mittels Anemometer im Trichterquerschnitt messen, zu ungenau, weil durch das Gerät zusätzlicher Druckabfall und damit eine Beeinflussung des Volumenstroms erzeugt wird. Insbesondere wenn die Aus- oder Einströmung nicht zentrisch zum Luftdurchlass erfolgt, können sehr starke Messabweichungen und Ungenauigkeiten entstehen. Eine verlässliche Messung ist eigentlich nur mit druckverlustkompensierten Messtrichtern möglich. Diese haben einen eingebauten Ventilator und eine Druckdifferenzmessung. Auf diese Weise kann der durch das Gerät erzeugte Druckabfall kompensiert und damit sehr genau der Volumenstrom bestimmt werden. Da die Geometrie der Luftdurchlässe sehr unterschiedlich ist, stehen unterschiedlichste Messtrichter als Zubehör zur Verfügung, siehe Abbildung 8.6.

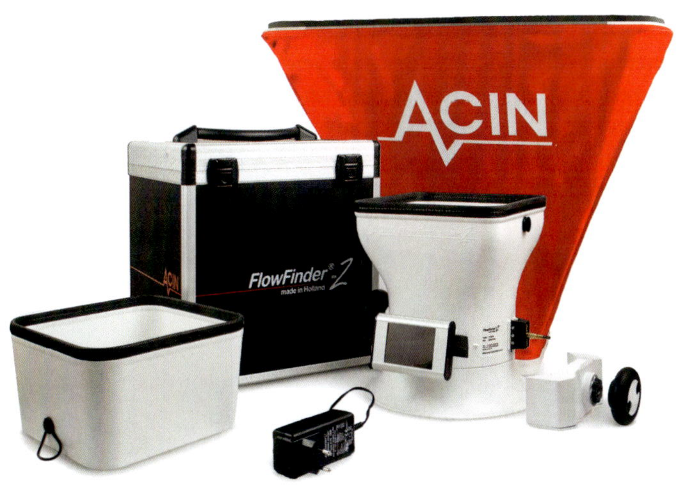

Abbildung 8.6
Druckverlustkompensierte Volumenstrommessung (Quelle: ACIN instrumenten bv)

Trotz dieser hochgenauen Messmethode kann bei der Summenbildung der Volumenströme aller einzelnen Luftdurchlässe auf der Zu- und Abluftseite nicht garantiert werden, dass eine ausreichend genaue Volumenstrombalance erreicht wird. Die Fehler summieren sich und Leckagen im Gerät und im Kanalnetz verfälschen die Bilanz. Eine korrekte Bilanz für die Balanceeinstellung kann eigentlich nur auf der Außen-/Fortluftseite gebildet werden. Auch dies kann man mit den genannten druckkompensierten Messtrichtern durchführen, wenn sie an der Außenwand an die entsprechenden Durchlässe gehalten werden. Im EG oder Balkonbereich kann dies problemlos möglich sein, nicht jedoch in höheren Geschossen bei schlechter Zugänglichkeit. Es empfiehlt sich daher, Messblenden oder Staukreuze im Außen-/Fortluftkanalnetz einzubauen und über Druckdifferenzmessung auf den Volumenstrom zu schließen. Diese Messung kann auch im laufenden Betrieb jederzeit wiederholt werden und bietet sich zur Überprüfung der Balance ohnehin an.

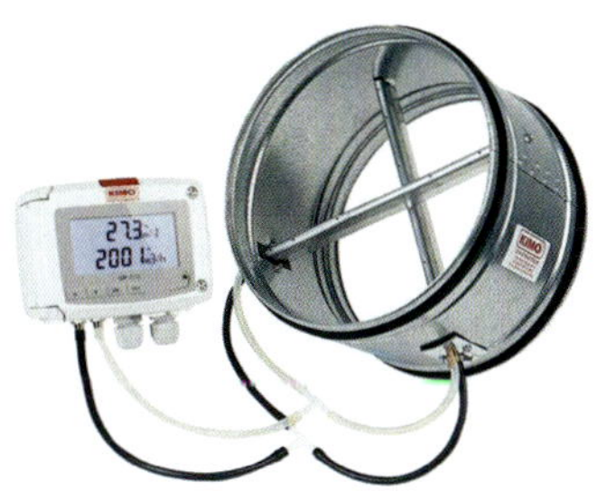
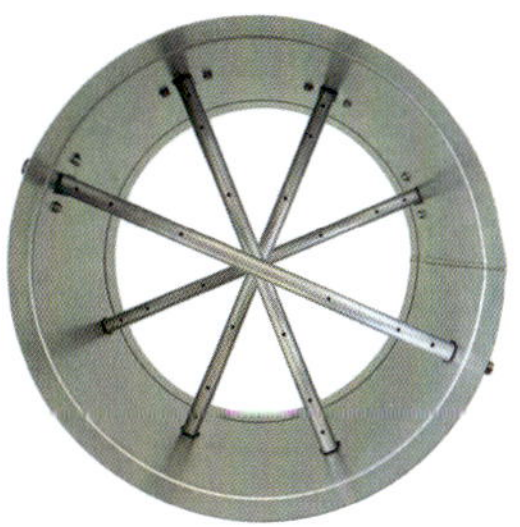

Abbildung 8.7
Volumenstrommessung im Außen- und Fortluftkanal mittels Messblenden oder Staukreuzen über Druckdifferenzmessung (Quelle: Electro-Mation GmbH)

8.2 Nutzerhandbuch

Nach der Übergabe der Lüftungsanlage an die Nutzer sollten die Informationen über Bedienung und Wartung dauerhaft z. B. im Mietwohnungsbau auch für nachfolgende Bewohner einfach verfügbar sein. In jedem Fall sind die technischen Datenblätter und Betriebsanleitungen direkt beim Gerät zugänglich und sicher aufzubewahren. Für einen Techniker oder den Wartungsdienst mag diese Information zusammen mit den Lüftungsplänen (Schemata), die an der Wand der Lüftungszentrale aufgehängt werden, ausreichen. Technisch nicht geschulte Nutzer benötigen jedoch eine einfache kurze Anleitung, welche die wichtigsten Merkpunkte sowie die primären Aufgaben der Bedienung und Wartung enthält. Unter www.passiv.de stehen Word-Vorlagen für Nutzerhandbücher zur Verfügung, die an die jeweilige Anlage angepasst und entsprechend ergänzt werden können. Sie wurden im Rahmen des Forschungsprojektes „Das kostengünstige mehrgeschossige Passivhaus in verdichteter Bauweise“ erarbeitet. Die Handbücher stehen sowohl als PDF als auch im Word-Format zum kostenlosen Download bereit. Für die Lüftung relevant sind dabei folgende Dokumente:

Teil 4A: Nutzerhandbuch

Teil 4B: Handbuch für die Gebäudeverwaltung

Teil 4C: Wohnen im Passivhaus – auf einen Blick

Da jedoch niemand gerne Handbücher liest, seien sie auch noch so kurz, sollte man schon bei der Planung auf möglichst einfache und intuitive Bedienung und geringen Wartungsaufwand achten. Eine vollständig wartungsfreie Lüftungsanlage gibt es allerdings bis heute noch nicht. Daher werden zumindest die wichtigsten Wartungsvorgänge nachfolgend erläutert.

8.3 Wartung

Die technische Komplexität einer Lüftungsanlage ist, gegenüber z. B. einer Heizungsanlage, relativ gering. Sie enthält kaum bewegliche Teile (Ventilatoren, Brandschutzklappen, Volumenstromregler) und Verschleißteile (Filter). Da es sich beim transportierten Medium nur um Luft handelt, sind bis auf die Brandschutzanforderungen kaum Sicherheitsaspekte zu beachten (Unterdruckwächter bei gleichzeitigem Betrieb mit Feuerstätten). Diese wurden bereits alle in diesem Buch behandelt. Einige wichtige Tätigkeiten in Bezug auf die Wartung müssen jedoch in jedem Fall durchgeführt werden. Sie sind aber gerade bei wohnungsweisen Anlagen und Geräten so einfach, wie z. B. das Wechseln der Filter, dass sie auch von technischen Laien ohne Vorkenntnisse durchgeführt werden können. Für das Wechseln der Staubsaugerbeutel oder der Druckerpatronen wird man auch keinen Kundendienst anfordern. Für die Wartung und Instandhaltung von zentralen Lüftungsgeräten und Anlagen im Geschosswohnbau ist ein Wartungsvertrag jedoch sinnvoll, wenn diese Arbeiten nicht von einem technisch versierten Hausmeister übernommen werden.

8.3.1 Regelmäßig durchzuführende Wartungsarbeiten

Nach der Planung sollte man sich als Planer und Betreiber die Frage stellen, welche regelmäßig durchzuführenden Wartungsarbeiten erforderlich sind und ob der Platz für diese Arbeiten auch bei der Planung berücksichtigt wurde. Diese Aufgabe wird heute mit der Planung in BIM und 3D dadurch erleichtert, dass die Hersteller mit ihren 3D-Modellen nicht nur die Geräteabmessungen selbst, sondern auch die erforderlichen Wartungsräume ausweisen. Beispielsweise erfordert ein Filtertausch mindestens den Platz vor dem Gerät, der für das Öffnen der Gehäusetüren und den Filterwechsel notwendig ist. Beim Entnehmen des Wärmeübertragers wird nochmal mindestens die Breite des Wärmeübertragers als Platz vor dem Gerät erforderlich, wenn das Gerät z. B. für Reinigungszwecke oder zum Austausch herausgezogen wird.

Diese Vorüberlegungen für die Wartungsaufgaben aus Planungssicht können eine wichtige Grundlage zur Erarbeitung der Wartungspläne (Facility Management) und Ausschreibung der Wartungsverträge darstellen.

8.3.2 Wartungsunterlagen

Wartungsunterlagen für Lüftungsanlagen enthalten sowohl die notwendigen Tätigkeiten als auch deren Intervalle sowie die technischen Anleitungen zur Durchführung der jeweiligen Wartungsaufgabe. Nachfolgende Tabelle listet die wesentlichen Aufgaben und beschreibt, wie häufig sie durchgeführt werden müssen. Um Kosten zu sparen, können viele der Aufgaben auch vom Nutzer selbst durchgeführt werden. Eine kostspielige Anreise des Wartungsdienstes ist dann nicht notwendig. Daher wurden auch die Zuständigkeiten in der letzten Spalte angeführt.

Tabelle 8.7 Übersicht der Wartungsaufgaben und Wartungsintervalle am Lüftungssystem

Wartungsaufgabe	Zweck/Anlass	Häufigkeit	Zuständigkeit
Lüftungsgerät			
Ventilatoren und Lüftersteuerung (inkl. Notausfunktion) prüfen bzw. tauschen	Störung bzw. Defekt	selten	
Wärmeübertrager reinigen oder austauschen	Verschmutzung oder Leckage	selten	
Heizregister (elektrisch) tauschen	defekt	selten	
Heizregister (hydraulisch) bzw. Hydraulikkreis prüfen (z. B. Glykol-konzentration) bzw. reparieren	zu geringe Glykolkonzentration, Leckage, Defekt	jährlich, falls Glykolkreis	
Regelung/Steuerung	Störung/Defekt	selten	
Kondensatwanne reinigen bzw. auf freien Ablauf prüfen	verunreinigt oder verstopft	jährlich	
Überprüfung von Sensoren (Messwertfühler/-geber, Messwertumformer, Wächter, Begrenzer etc.), Nachkalibrierung von Sensoren (insbes. Temperatur, Feuchte und CO_2)	Defekt, Störung, Drift		

Tabelle 8.7 Übersicht der Wartungsaufgaben und Wartungsintervalle am Lüftungssystem (Fortsetzung)

Wartungsaufgabe	Zweck/Anlass	Häufigkeit	Zuständigkeit
Filter			
Außenluftfilter	verschmutzt		
Abluftfilter im Gerät	verschmutzt		
Vorlegefilter	verschmutzt		
Fettkondensationsfilter	verschmutzt		
Kanalnetz und Bauteile			
Kanäle und Formstücke auf Korrosion prüfen und reinigen	korrodiert bzw. verschmutzt	selten	
Bypass und Volumenstrom-Steuerklappen prüfen, auswechseln bzw. reinigen	defekt bzw. verschmutzt		
Wetterschutzgitter auf Verunreinigung prüfen bzw. reinigen	verschmutzt		
Wärmedämmung (insbes. diffusionsdichte Dämmung!) auf Beschädigungen prüfen			
Luftdurchlässe auf Verschmutzung prüfen bzw. ggf. reinigen	verschmutzt		
Schalldämpfer auf Verschmutzung und Beschädigung prüfen	verschmutzt, defekt		
Brandschutz			
Brandschutzklappen und -ventile auf Verschmutzung und Funktion prüfen	regelmäßig aus Sicherheitsgründen	jährlich	
Sicherheitsschließbetrieb der Brandschutzklappe entsprechend den Herstelleranleitungen prüfen	regelmäßig aus Sicherheitsgründen	jährlich	
Überprüfung von Dokumentation und Kennzeichnung sicherheitsrelevanter Brandschutzeinrichtungen		bei Inbetriebnahme bzw. selten	
Überprüfung der Einbindung in die BMA (falls vorhanden)			
Überprüfung der Kaltrauchsperren			
Überprüfung von Schottungen			

Diese Aufzählung erhebt keinen Anspruch auf Vollständigkeit. Weitere nützliche Informationen in Bezug auf die Kostenreduktion bei der Wartung von Lüftungsanlagen finden sich in [Schöberl 2011].

8.3.3 Wartungsverträge

Vor der Vergabe von Wartungsverträgen ist zu überlegen, ob dies überhaupt notwendig ist oder ob die Wartung nicht sogar vollständig durch die Nutzer bzw. den Hausmeister erledigt werden kann. Gerade wohnungsweise Anlagen sind häufig von so geringer Komplexität, dass dies durchaus möglich ist. Dies stellt natürlich die kostengünstigste Variante dar, weil die Anreise des Wartungspersonals entfallen kann.

Bei zentralen Anlagen und insbesondere im Mietwohnungsbau können Wartungsverträge aber durchaus sinnvoll sein, um den dauerhaft einwandfreien Betrieb der Anlage zu gewährleisten. Aber auch dann sollte man sich vor der Ausschreibung und Vergabe sehr genau überlegen, welche Tätigkeiten eigentlich erforderlich sind, wann bzw. wie häufig diese erfolgen sollen und welche von ihnen zu jeweils einem Termin zusammengefasst werden können, damit Kosten für die Anreise gespart werden können.

Aufgrund dieser hohen Potenziale zur Kosteneinsparung im Bereich der Wartung (siehe hierzu auch [Schöberl 2011]) sollte man möglichst keine pauschalen Wartungsverträge abschließen, denn diese stützen sich häufig auf Angaben aus der Norm, die eigentlich nicht für reine Lüftungsanlagen konzipiert wurde, sondern sich eher an Klimaanlagen orientiert. Die Wartung von Klimaanlagen ist damit überhaupt nicht vergleichbar, weil aufwändige Aggregate für Luftaufbereitung und Klimatisierung mit entsprechenden Problemstellungen hinsichtlich der Hygiene überhaupt nicht vorhanden sind.

8.3.4 Reinigung der Anlage

Über die Hygiene von Lüftungsanlagen wird immer wieder viel und z. T. sehr unsachlich diskutiert. Um hier auch wissenschaftliche Klarheit über das Langzeitverhalten zu bekommen, wurde nach 25 Jahren Dauerbetrieb der Lüftungsanlage im ersten Passivhaus in Darmstadt-Kranichstein [Feist 2018] eine Nachuntersuchung zur Sauberkeit und Hygiene der Lüftungsanlage durchgeführt. Sowohl über visuelle Kontrolle (Augenschein und Kamerabefahrung mittels Rohrkamera) als auch Abklatschproben sowie Filterproben und anschließende mikrobielle Laboruntersuchungen konnten keine relevanten Verunreinigungen oder Keimbelastungen festgestellt werden. In dieser Anlage wurde ein frontständiges ePM1 80 % Feinfilter eingesetzt und regelmäßig (jährlich) gewechselt. Es handelt sich dabei um kostengünstige Industriefilter (16–40 €) mit geringem Druckverlust (9,7(3) Pa bei 106 m^3/h). Aus den positiven Erfahrungen hinsichtlich der Hygiene, aber auch in Bezug auf die Raumluftqualität (Feinstaub) werden diese Filterqualität und Anordnung empfohlen. Voraussetzung ist eine möglichst hohe Gebäudedichtheit und ein dichter Filtersitz, um keine Nebenwege (Filterkurzschluss) für den Feinstaub zu ermöglichen.

Auch wenn nach der genannten Untersuchung von [Feist 2018] eigentlich keine Reinigung erforderlich war, sollte jede Anlage dennoch so konzipiert und gebaut werden, dass alle Kanalabschnitte und Komponenten für Reinigungszwecke zugänglich sind. Die Reinigung erfolgt normalerweise mit rotierenden Bürsten mittels Biegewelle oder mit Druckluftpeitschen bzw. Bürsten. Von der Gegenseite erfolgt dann die Absaugung mittels Unterdruckgebläse und Staubfalle. Nähere Informationen hierzu finden Sie unter [ZukoLü 2014].

Abbildung 8.8 Reinigung von Lüftungskanälen mittels rotierender Druckluftdüse und Staubabsaugung (oben) bzw. mittels Feuchtreinigung („Spider Mob", unten) (Quelle: Bösch MRS AG)

Um ein Verfangen rotierender Reinigungsgeräte an hervorstehenden Schrauben zu vermeiden, wird bei der Planung und Ausführung der Kanäle von selbstschneidenden Schrauben abgeraten und der Einsatz von Blindnieten empfohlen.

Abbildung 8.9 Innenansicht eines Lüftungskanals mit heraussstehenden selbstschneidenden Schrauben. Diese können bei der Reinigung Probleme verursachen. (Quelle: Passivhaus Institut GmbH)

Praktisch alle Typen von Luftdurchlässen (Zu- und Abluftelemente) können leicht entfernt werden und ermöglichen das Einführen von Reinigungsgerät in den Zu- bzw. Abluftkanal. Allerdings muss zusätzlich vor und nach jedem Einbauteil, das den Luftweg für das Reinigungsgerät versperrt, eine Wartungsöffnung installiert werden. Dies gilt z. B. für Heizregister, aber auch für Klappen (Volumenstromregler, Brandschutzklappen etc.).

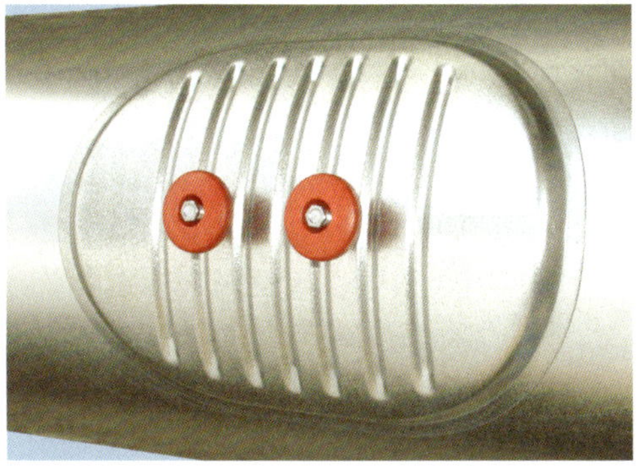

Abbildung 8.10 Revisionsdeckel, (links) (Quelle: Metu Meinig AG), Enddeckel (rechts) (Foto: Lindab GmbH, Bargteheide)

Bei sternförmiger Verrohrung (siehe Kapitel 7.8.2) scheint der manipulative Aufwand für die Reinigung nicht geringer zu sein als bei der baumförmigen Verrohrung. Den entscheidenden Vorteil der sternförmigen Variante birgt aber die zentrale Eingriffsmöglichkeit über den zu öffnenden Luftverteiler, während bei der baumförmigen Verrohrung manchmal mehrere dezentrale Revisionsöffnungen für die Reinigung angefertigt werden müssen.

Neben den Reinigungen des Kanalnetzes, das nur sehr selten notwendig ist, ist besonderes Augenmerk auf den *Kondensatablauf* des Wärmerückgewinnungsgeräts zu legen. Die *Kondensatwanne* sollte dabei geneigt und mit dem Kondensatablauf am tiefsten Punkt angeordnet sein, damit das Kondensat ungehindert und rückstandsfrei ablaufen kann. Die Kondensatwanne ist regelmäßig zu inspizieren und ggf. zu reinigen, ebenso der Kondensatablauf.

Bei regelmäßigem Filterwechsel sollten sich im gesamten Kanalnetz inklusive aller Einbauteile eigentlich keine Verunreinigungen ansammeln. Kommt es jedoch einmal zu einem Filterdurchbruch oder der Filtersitz ist mangelhaft und der Filter konnte längere Zeit umströmt werden, so kann es vorkommen, dass auch der Wärmeübertrager mit seinen feinen Lamellen verunreinigt. Aus diesem Grund müssen die Geräte so gebaut sein, dass der Wärmeübertrager herausgezogen und gereinigt werden kann. Leider ist dieser Vorgang häufig nicht detailliert genug im Handbuch beschrieben, Daher sollte man direkt beim Hersteller nachfragen, wenn Unklarheiten bestehen, damit man dabei nichts beschädigt. Beim Herausnehmen sollte man auf jeden Fall darauf achten, die feinen Lamellen nicht zu berühren bzw. zu verbiegen oder zu beschädigen.

Abbildung 8.11 Herausziehen und Reinigen des Wärmeübertragers in der Dusche (Quelle: https://www.bautagebuch-passivhaus.de/)

Nach dem Herausnehmen kann der Wärmeübertrager vorsichtig unter der Dusche abgespült werden. Nach dem Trocknen kann der Wärmeübertrager wieder eingebaut werden (siehe Abbildung 8.11).

8.4 Betrieb der Anlage im Winter und Sommer

8.4.1 Betrieb der Anlage mit Wärmerückgewinnung

Die Hauptaufgabe des Wärmeübertragers besteht darin, die Wärme aus der Abluft mit einem möglichst hohen Anteil an die Außenluft zu übertragen. Dieser Wärmerückgewinnungsbetrieb findet vor allem in der Heizperiode und im Kernwinter statt. Hier ist auch der höchste Effekt der Einsparung von Lüftungswärmeverlusten zu erwarten. Wichtig ist aber, dass der Betrieb der Wärmerückgewinnungsanlage bereits vor dem Beginn der eigentlichen Heizzeit erfolgt, weil dadurch die Heizzeit verkürzt und noch mehr Energie eingespart werden kann. Grundsätzlich macht es immer dann Sinn die Wärmerückgewinnung in Betrieb zu nehmen, wenn die Außentemperatur etwas unter der Innentemperatur liegt. Aber auch im umgekehrten Fall macht ein Betrieb über den Wärmeübertrager Sinn, wenn also z. B. im Sommer die Raumlufttemperatur unter der Außentemperatur liegt. Die eintretende Außenluft wird durch den austretenden Raumluftstrom vorgekühlt. Auf diese Weise kann der hygienisch notwendige Luftwechsel ohne hohe zusätzliche Wärmelasten durch die Lüftung aufrechterhalten werden.

8.4.2 Bypass-Schaltung

Dieser reguläre Betrieb über die Wärmerückgewinnung kann bei bestimmten Randbedingungen kontraproduktiv sein. Ist die Außenluft z. B. kühler als die Raumluft, so würde die Wärmerückgewinnung zu einer Vorerwärmung der Außenluft und damit zur Erhöhung der Gefahr sommerlicher Überwärmung beitragen. Aus diesem Grund verfügen viele Geräte über einen sogenannten Sommer-Bypass. Dabei wird der Wärmeübertrager über einen Nebenweg umgangen und so die Wärmerückgewinnung abgeschaltet. Dies kann entweder auf der Außen-/Zuluftseite oder auf der Abluft-/Fortluftseite stattfinden. Der jeweils über den Wärmeübertrager verbleibende Luftstrom verursacht dort weiterhin einen gewissen Druckabfall. Möchte man noch zusätzlich Ventilatorstrom einsparen, können auch beide Wege über den Ventilator per Bypass umgangen werden. Um die jeweiligen Bypasspfade für die Luft zu öffnen, werden Schieber oder Klappen benötigt, die entweder maschinell oder per Hand betätigt werden können. Die manuelle Variante ist zwar robust und kostengünstig, allerdings besteht die Gefahr, dass die Zeitpunkte für das Betätigen der Schieber oder Klappen vergessen werden. Der Betrieb erfolgt dann in der jeweils thermisch kontraproduktiven Durchströmung. Im Winter erkennt man solches Fehlverhalten relativ schnell an der eintretenden Kaltluft (keine Vorerwärmung durch den Wärmeübertrager), langfristig jedenfalls durch die höheren Heizkosten. Im Sommer jedoch wird das Vergessen der Betätigung des Bypasses häufig überhaupt nicht als solches bemerkt.

Eine andere Möglichkeit für den Sommerbetrieb besteht darin, nur die Abluft zu betreiben und die Nachströmung über geöffnete Fenster zu ermöglichen. Auf diese Weise können im Sommer mit relativ geringem Stromaufwand (nur Abluftventilator) gefangene (fensterlose) Badezimmer

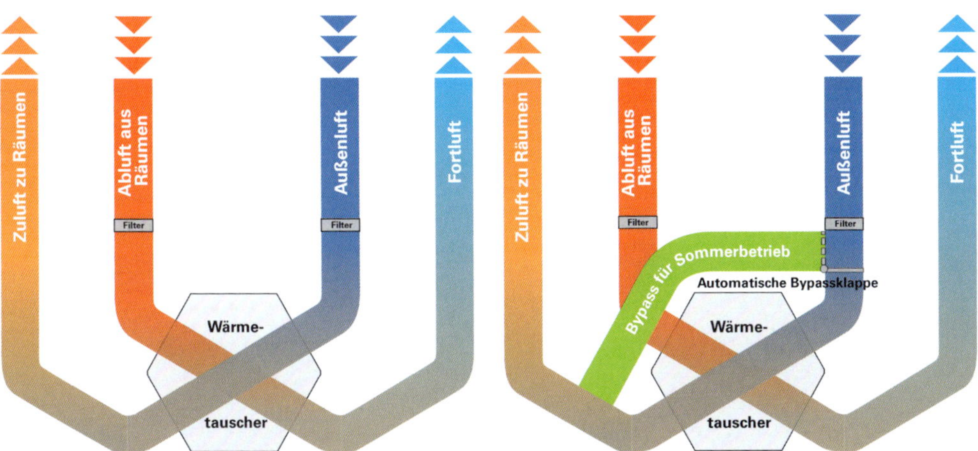

Abbildung 8.12 Wärmerückgewinnungsbetrieb (links) bzw. Bypassbetrieb (rechts) (Quelle: Fränkische Rohrwerke Gebr. Kirchner GmbH & Co. KG)

kontrolliert entlüftet und damit schimmelfrei gehalten werden. Eine dafür vorgesehene Betriebsstufe wird bei vielen Geräten bereits standardmäßig in der Steuerung hinterlegt (Sommerbetrieb). Der Vorteil liegt im geringen Aufwand und Platzbedarf, weil kein Bypasskanal und entsprechende Klappen gebraucht werden.

9 Anlagenvarianten und ausgeführte Beispiele

Mit den vorangegangenen Abschnitten hoffen wir, Ihnen ohne Anspruch auf Vollständigkeit die wesentlichen Hinweise für Planung, Ausführung und Betrieb Ihrer Anlagen gegeben zu haben. Viele weitere Ideen und Details sowie Erfahrungen aus realisierten Anlagen tragen in ihrem Zusammenspiel dazu bei, dass die Lüftung im Bestand in Zukunft kostengünstiger und noch platzsparender wird. Dabei gibt es keine ideale Lösung oder ein Patentrezept, mit denen man alle Arten von Bestandsgebäuden und Grundrissen angehen könnte. Eine Vielzahl von Varianten ermöglicht auch Spielräume im Hinblick auf das architektonische Design, sowohl für die Außen- als auch für die Innenarchitektur und Gestaltung. Die Bedeutung des Designs ist neben den Kosten und dem Komfort ein nicht zu unterschätzender Faktor in Bezug auf die Akzeptanz solcher Anlagen im nachträglichen Einbau. Daher sollen nachfolgende Beispiele eine Anregung geben, wie der eine oder andere Aspekt eventuell auch in Ihrem Projekt zu einer guten Lösung führen kann. Letztlich sind aber eigene Erfahrungen aus Bauprojekten und dem Betrieb durch nichts zu ersetzen.

9.1 Component Award am Beispiel von Grundrissen aus dem sozialen Wohnungsbau

Im Rahmen eines Wettbewerbs (Component Award 2016), der vom Passivhaus Institut im Rahmen der Internationalen Passivhaustagung 2016 in Darmstadt ausgerichtet wurde, bestand die Aufgabenstellung darin, ein Lüftungskonzept für ein typisches Mehrfamilienhaus aus den 1960er Jahren mit nachfolgend dargestelltem Wohnungsgrundriss mit einer angenommenen Personenbelegung von jeweils bis zu drei Personen zu entwickeln und auszulegen.

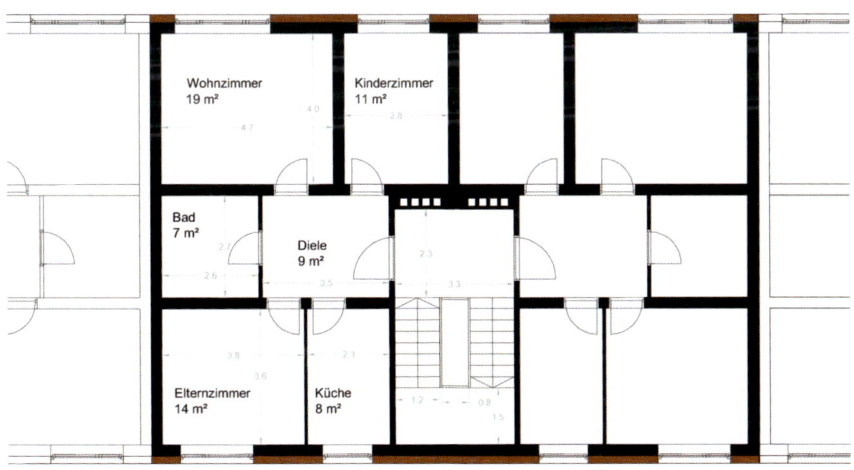

Abbildung 9.1 Grundriss der im Component Award zugrunde gelegten Wohneinheit eines typischen Geschosswohnungsbaus aus den 1960er-Jahren (Quelle: Passivhaus Institut GmbH)

„Gesucht wurden ganzheitliche Lüftungs-Lösungen für das gesamte Gebäude, die einerseits eine einfache Montage zulassen, andererseits aber auch sehr gute energetische Kenndaten aufweisen. Darüber hinaus wurde von den Teilnehmern ein Angebot erwartet, das neben den Investitionskosten für das Gerät und sämtliche erforderlichen Komponenten auch die Planung, Installation, Einregulierung sowie Wartungskosten für das erste Betriebsjahr enthält. Weitere Aspekte waren neben der korrekten Auslegung der Luftmengen, der Einhaltung der Schallgrenzwerte, der Sommerlüftung auch Frostschutz und Kondensatablauf.

Folgende Lösungsansätze stellten sich generell als zielführend heraus:

- ein kompaktes Kanalnetz: Das reduziert nicht nur den Druckverlust und damit den Stromverbrauch im Betrieb, sondern auch den Installationsaufwand
- kosteneffektive Komponenten und vorgefertigte Systemlösungen, die den Aufwand für die Installation vor Ort reduzieren können
- eine gute Integration des Lüftungsgeräts bei möglichst geringem Platzbedarf senkt die Investitionskosten und schafft mehr Wohnraum
- Geräte und Luftverteilnetze, die für eine Sichtmontage geeignet sind. Das reduziert den baulichen Aufwand für aufwändige Trockenbauarbeiten
- eine effiziente Betriebsweise, also möglichst hohe Einsparungen bei möglichst geringen Betriebskosten

Der Wettbewerb hat gezeigt, dass die Gesamtkosten einer Lüftungsanlage mit Wärmerückgewinnung zwar immer noch höher sind als bei Abluftanlagen, die Mehrkosten gegenüber einer Abluftanlage sich aber in Grenzen halten können: Drei der Lüftungslösungen kommen auf weniger als 70 Euro Mehrkosten pro Jahr gegenüber einer Referenzabluftanlage, und das bei deutlichem Komfortgewinn durch vorgewärmte und gefilterte Zuluft. Die Einreichungen dieser drei Teilnehmer wiesen, bezogen auf die Lebenszykluskosten, die geringsten Mehrkosten gegenüber einem Nur-Abluftsystem auf:

- J. Pichler GmbH
- Michael Tribus Architecture und
- Vaventis BV

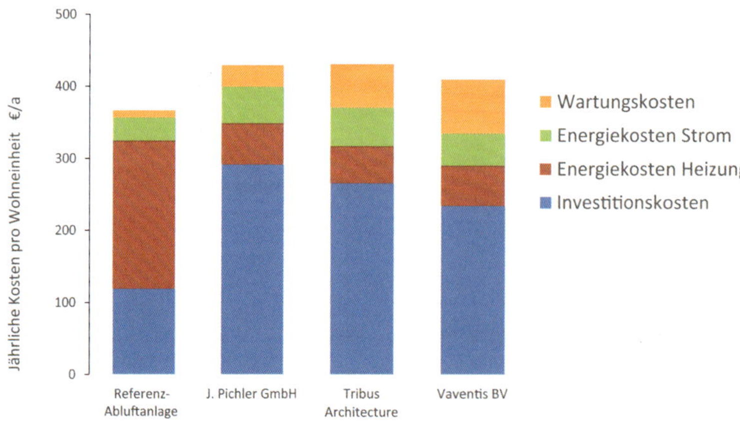

Abbildung 9.2 Jährliche Kosten (Wartung, Energie und Kapitalkosten) der erstplatzierten Konzepte im Vergleich zur Referenz (Abluftanlage) (Quelle: Passivhaus Institut GmbH)

Die Betrachtung der Lebenszykluskosten zeigt, dass bei den Lüftungsanlagen mit Wärmerückgewinnung die Investitionskosten (blau) die Gesamtkosten dominieren. Die Energiekosten für die Heizwärme (rot) sind durch die Wärmerückgewinnung im Vergleich zum Abluftsystem deutlich geringer. Relevant sind noch die Wartungskosten (orange): Bei zentralen Systemen können diese, durch den verbesserten Wartungszugang, je nach Planung etwas günstiger ausfallen." [Component Award 2016]

Nachfolgend werden die drei erstplatzierten Konzepte mit der jeweiligen Prinzipdarstellung im Grundriss kurz erläutert. Eine ausführliche Darstellung findet sich in [Component Award 2016] und steht zum kostenlosen Download[1)] bereit.

Lüftungskonzept J. Pichler GmbH – gebäudezentral

Das gebäudezentrale Lüftungsgerät LG 1000 wird im Dachgeschoss außerhalb der thermischen Gebäudehülle schwingungsentkoppelt aufgestellt. Die Steigleitungen werden im Treppenhausschacht untergebracht. Die zentrale Komponente zur Luftverteilung in den Wohnungen im Bereich der Diele ist die kombinierte Volumenstromregler-Schalldämpfereinheit (kompakte VAV-Box mit elektrischer Ansteuerung und integriertem Revisionsdeckel), die als zentrale Verteilereinheit zum Anschluss der Zuluft- und Abluftleitungen ausgeführt ist.

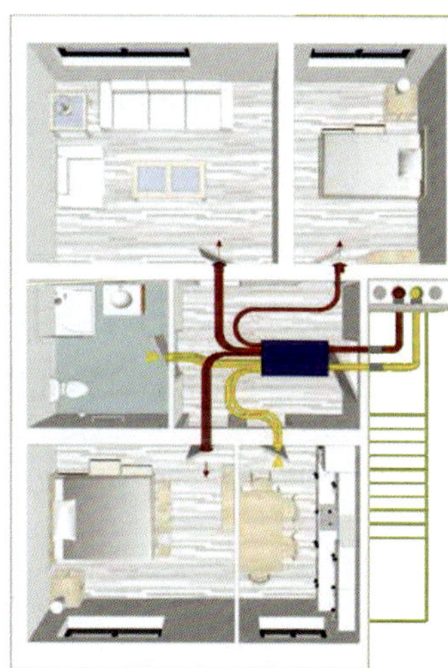

Abbildung 9.3 Erster Preis: Lüftungskonzept J. Pichler GmbH – gebäudezentral, Gerät: Pichler / LG 1000, η = 81 %, Pel = 0,33 Wh/m³ (Quelle: Passivhaus Institut GmbH)

Lüftungskonzept Vaventis BV – raumweise / fassadenintegriert

Jede Wohnung erhält zwei fassadenintegrierte Lüftungsgeräte vom Typ fresh-r. Ein Gerät wird an der Außenwand des Wohnzimmers installiert. Über zwei Kernbohrungen können Außenluft- und Fortluftkanäle direkt nach außen geführt werden.

Das Wohnzimmer wird durch das Gerät direkt belüftet. Das danebenliegende Kinderzimmer wird über eine aktive Überströmeinheit in der Innenwand belüftet. Über einen Nebenraum-

1) https://europhit.eu/sites/europhit.eu/files/2016_Component-Award_Broschuere.pdf

anschluss wird das Badezimmer entlüftet. Die vorgefertigte Kanalverkleidung ermöglicht eine schnelle Montage bei gleichzeitig guter Integration im Raum.

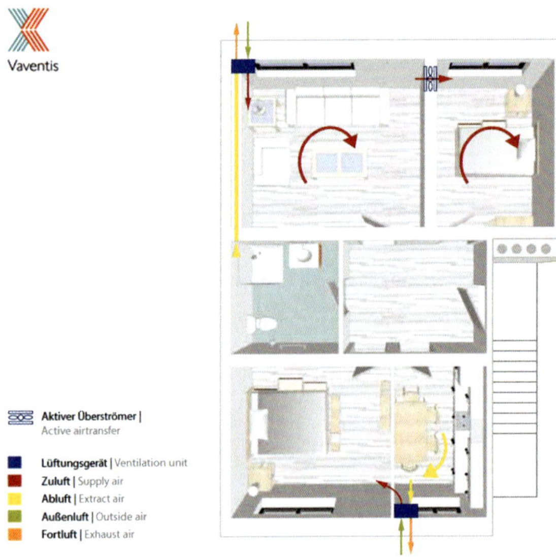

Abbildung 9.4 Zweiter Preis: Vaventis BV, Gerät: Vaventis / fresh-r, $\eta = 78\,\%$, Pel = 0,28 Wh/m^3 (Quelle: Passivhaus Institut GmbH)

Lüftungskonzept Michael Tribus Architecture – wohnungsweise zentral

Jede Wohnung erhält ein separates Lüftungsgerät vom Typ Renovent Sky 150. Das Gerät wird an die Decke der Küche montiert. Dafür wird über der Küchenzeile eine abgehängte Decke eingezogen. Die Abhanghöhe hierfür beträgt lediglich 20 cm. Die Kanalführung der Außenluft- und Fortluftleitungen kann somit auf ein Minimum reduziert werden. Die Abhangdecke schafft

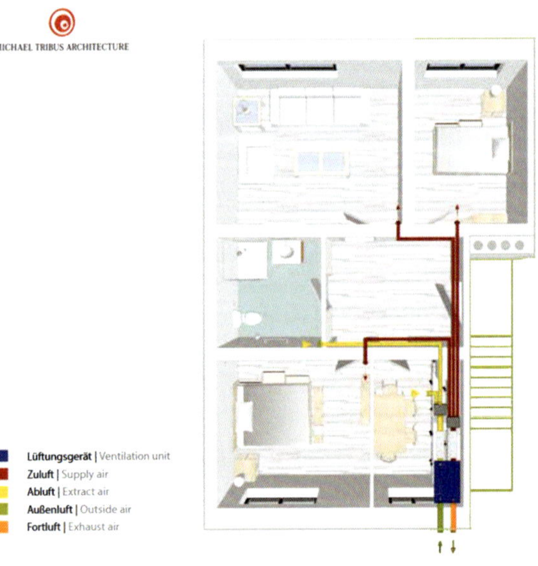

Abbildung 9.5 Zweiter Preis: Michael Tribus Architecture – wohnungsweise zentral, Gerät: Brink / Renovent Sky 150, $\eta = 84\,\%$, Pel = 0,44 Wh/m^3 (Quelle: Passivhaus Institut GmbH)

gleichzeitig Raum für die Luftverteilkästen sowie den erforderlichen Schallschutz. Ebenso kann die eingezogene Decke für anfallende Installationen (etwaige zusätzliche Beleuchtungen) genutzt werden.

9.2 Beispiele für die Kanalführung in der Außenwanddämmung

9.2.1 Sanierungsprojekte der NHT in Innsbruck (EU-FP7-Projekt SINFONIA)

„Im Rahmen des Projekts Sinfonia sollen in die Jahre gekommene und bewohnte Bestandsgebäude saniert und energetisch auf Passivhausstandard gebracht werden. Diese Sanierungsmaßnahmen implizieren die Errichtung einer umfassenden Wohnraumlüftungs-anlage, die Modernisierung des Heizungssystems und der Warmwasserbereitung sowie die Erhöhung der Gebäudedichtheit. Neben der Modernisierung und Erhöhung der Gesamteffizienz sollen nach der Sanierung der Wohnkomfort und letztlich die Mieterzufriedenheit erhöht werden.

Mit dem Ziel, die bewohnten Bestandswohnungen möglichst wenig betreten zu müssen, wird bei der Planung der ‚Innovative LOW-TECH-Ansatz` herangezogen. Daraus entstand die Idee der fassadengeführten Lüftungsleitungen, die bei mehreren Sinfonia-Projekten in Innsbruck geplant und umgesetzt wurde. Der größte Vorteil dieser Luftführungsvariante liegt im sehr geringen Luftverteilungsaufwand innerhalb der Wohnung. Der Wohnungseintritt der Zu- und Abluftleitungen findet lediglich über zwei Kernbohrungen in der Außenwand statt.“ [Music 2018]

Dieser besonders geringe Eingriff innerhalb der Wohneinheiten ist mithilfe der Fassadenintegration der Kanäle nur dann möglich, wenn es sich bei den Grundrissen um sogenannte „durchgesteckte“ Grundrisse, also Fassadenzugang auf mindestens zwei Seiten, handelt. Am häufigsten kommt dies bei Ein- und Zweispännern vor, in Sonderfällen aber auch bei Drei- und Mehrspännern bei abgesetzten Fassaden. Wenn in diesen Fällen die Badezimmer an mindestens eine Fassade grenzen, kann, wie im genannten Beispiel sowohl die Zuluft als auch die Abluft über die Fassade geführt werden. Innerhalb der Wohneinheit sind dann nur noch Überströmöffnungen notwendig.

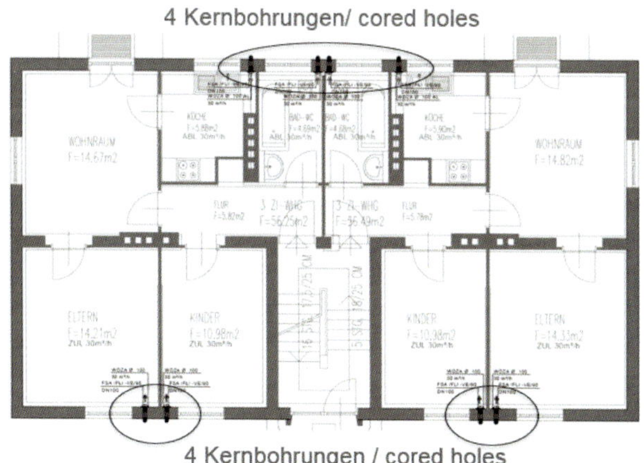

Abbildung 9.6 Erschließung der Wohneinheiten über je vier Kernbohrungen für Zu- und Abluft. Innerhalb der Wohneinheiten sind nur Überströmöffnungen, aber keine weiteren Lüftungskanäle erforderlich. (Quelle: [Music 2018])

Abbildung 9.7 Rundkanalführung in der Außenwanddämmung, Gebäude der Wohnungsbaugesellschaft NHT in Innsbruck, Gebäudetrakt IN22/23 (Quelle: Malzer, H.; NHT)

Abbildung 9.8 Luftdichte Kanaldurchführung von der Außenwand in den Dachraum, Gebäude der Wohnungsbaugesellschaft NHT in Innsbruck, IN22/2 (Quelle: Malzer, H.; NHT)

Weitere Kanäle in der Wohneinheit und damit zusammenhängende Montagearbeiten und Verkleidungen können vollständig entfallen. Die Abbildungen 9.7 bis 9.9 zeigen ein solches Projektbeispiel der Liegenschaft IN22/23 der Wohnungsbaugesellschaft „Neue Heimat Tirol" (NHT) in Innsbruck. Auf den Fotos zu erkennen ist die minimale Bestandsdämmung des Gebäudes, die im Bereich der Leitungsführung ausgenommen wurde. Die gesamte Fassade wurde anschließend mit einer zweiten Dämmschicht überdämmt.

Nicht immer ist die Grundrisssituation so günstig wie in dem genannten Beispiel. Häufig kann aber die vertikale Kanalführung als Mischform zwischen Fassadenintegration und vertikaler

Abbildung 9.9 Rundkanalführung in der Außenwanddämmung, Gebäude der Wohnungsbaugesellschaft NHT in Innsbruck, IN22/2 (Quelle: Malzer, H.; NHT)

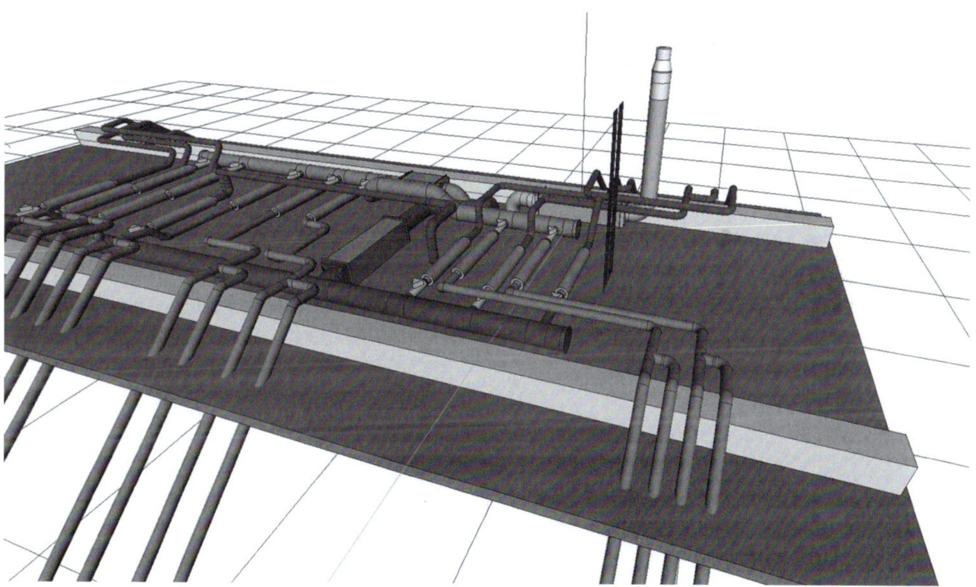

Abbildung 9.10 Luftkanalverteilung im Dachraum (Quelle: [Music 2018])

Kanalführung innerhalb des Gebäudes realisiert werden. Nachfolgendes Beispiel zeigt die ebenfalls in Innsbruck sanierte und nachträglich mit einer Lüftungsanlage im Dachbereich ausgestattete NHT-Liegenschaft IN43 in Innsbruck. Hier wurden die Gebäudestirnseiten für die Fassadenintegration der Abluftkanäle genutzt. Die Zuluftleitung wurde im Treppenhaus geführt. Hierfür mussten die Treppenpodeste jeweils mit Kernbohrungen für die Vertikaldurchführung versehen werden, weil das Treppenhausauge bereits mit einem Aufzugschacht gefüllt war.

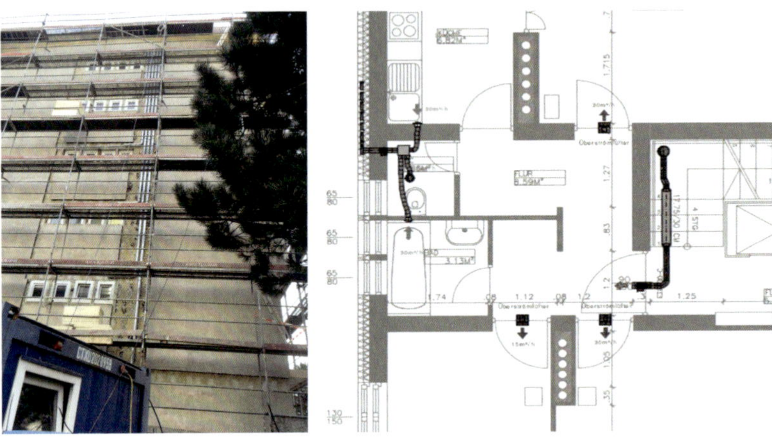

Abbildung 9.11 Abluftführung an den Gebäudestirnseiten, Zuluftführung im Treppenhaus. Innerhalb der Wohnungen konnte das Kanalnetz durch Verwendung von aktiven Überströmelementen auf ein kurzes Abluftnetz reduziert werden. (Quelle: [Music 2018])

9.2.2 ABG Frankfurt Holding, Liegenschaft Nauheimer Straße (Frankfurt, D)

„Das Gebäude Nauheimer Straße 1-3 in Frankfurt am Main wurde im Jahr 1953 errichtet. Es handelt sich um ein vierstöckiges Wohngebäude. Bei der Sanierung im Jahr 2015 wurden die Fenster, die Heizung und die Fassade saniert.

Ein weiteres Thema war die Frage der Be- und Entlüftung der Wohnungen. In dem, nach der Energie-Einspar-Verordnung notwendigen Lüftungskonzept war eine natürliche Lüftung nicht ausreichend. Daher musste eine zusätzliche Lüftung errichtet werden. Die Wohnungen haben außenliegende Bäder, daher gab es nicht ausreichend nutzbare Lüftungsschächte im Gebäude.“ [Schwerdtfeger 2018]

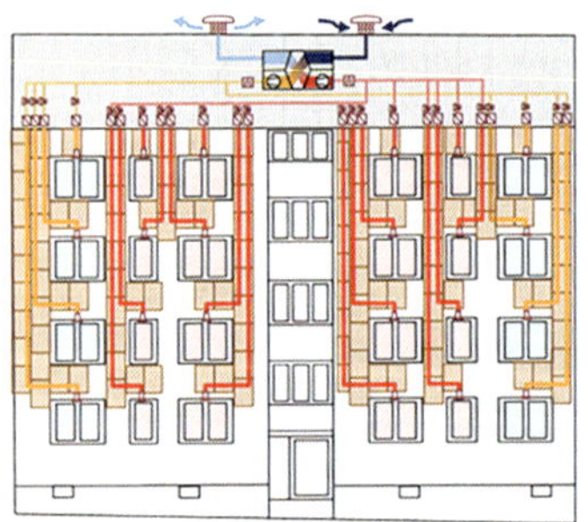

Abbildung 9.12 Kanalschema an der Außenwand (links) und erste Lage der Fassadendämmung mit montierten Kanälen (rechts) (Quelle: [Schwerdtfeger 2018])

„Da die neuen Fenster im Haus 3 außerhalb der alten Fassade in der neuen Dämmebene lagen, konnten die Lüftungsleitungen durch den Montagerahmen gerade verlegt werden und weiter in der Dämmebene an der Fassade entlang zum Dachgeschoss geführt werden“. [Schwerdtfeger 2018]

„Die Dämmung besteht aus Mineralwolle, die in zwei Lagen aufgebracht wird. Die untere Lage besitzt eine Stärke von 80 mm, in die vom Hersteller Längs- und Querschlitze eingefräst wurden. Dort konnte man die ovalen Lüftungsleitungen mit Außenabmessungen von 50 x 120 mm verlegen. An Stellen, in denen keine Rohrleitungen verlegt wurden, kamen passende Dämmstücke. Nach dem vollständigen Verfüllen der Vertiefungen kam die obere Dämmebene aus 80 mm Mineralwolle. Anschließend wurde die Fassade verputzt.“ [Schwerdtfeger 2018]

Abbildung 9.13 Montagerahmen zur wärmebrückenarmen Fenster-Vorwandmontage mit Öffnung zur Be- und Entlüftung der Räume (Quelle: [Schwerdtfeger 2018])

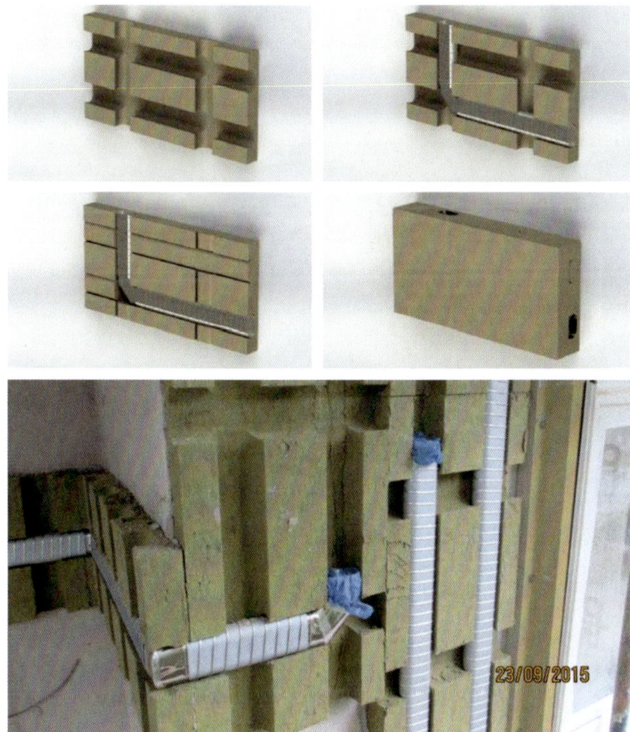

Abbildung 9.14 Montage der Fassadendämmung in vorgefertigtem Dämmsystem (Prinzipbild oben, Quelle: Fraunhofer ISE, Baustellenfoto unten, Quelle: [Schwerdtfeger 2018])

9.3 Nutzung von stillgelegten Kaminzügen für die vertikale Leitungsführung

In Bestandsgebäuden findet man für die vertikale Leitungsführung in den seltensten Fällen vertikale Schächte vor. Häufig können aber, wie in Kapitel 7.4.1.3 beschrieben, stillgelegte Kaminzüge Verwendung finden. Nachfolgende Beispiele zeigen die praktische Umsetzung in zwei Mehrfamilienhäusern.

9.3.1 Mehrfamilienhaus in Hofheim (Taunus, D)

Bei dem Projektbeispiel handelt es sich um ein Mehrfamilienhaus aus dem Jahre 1953, das 2003 zum Niedrigenergiehaus saniert wurde. Der Bauherr (Hofheimer Wohnungsbau GmbH) beauftragte eine zentrale Lüftungsanlage mit Wärmerückgewinnung (Gebäudetechnik N. Stärz, Pfungstadt). Die wissenschaftliche Begleitung wurde vom IWU (Darmstadt) übernommen.

Da der Dachstuhl im Zuge der Sanierung gedämmt wurde, der Dachraum aber nicht als Wohnraum genutzt werden sollte, stand er für die Aufstellung des zentralen Lüftungsgeräts sowie die Horizontalverteilung der warmen Lüftungskanäle (Zu- und Abluft) zur Verfügung.

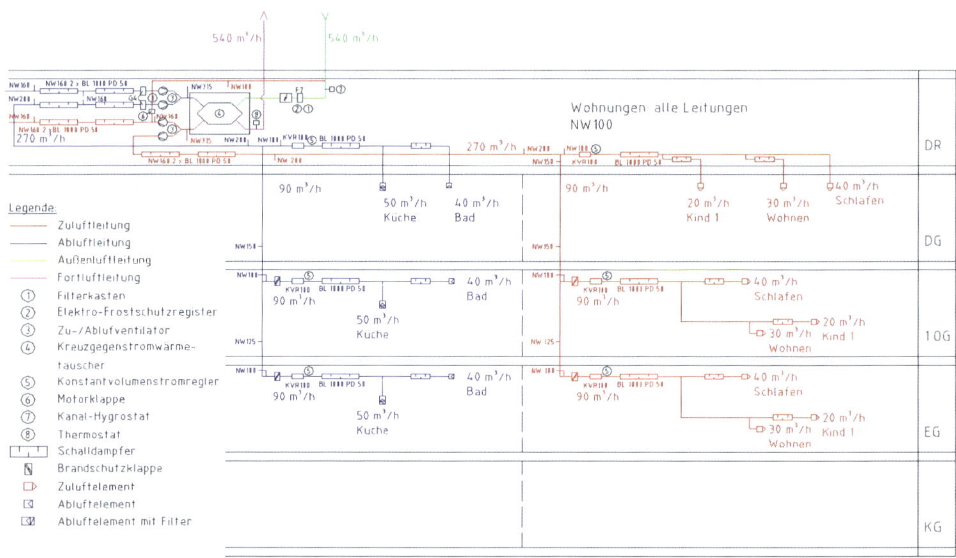

Abbildung 9.15 Lüftungsschema (Vertikalschnitt, MFH Hofheim) (Quelle: Stärz, N., Technisches Büro Pfungstadt)

Der Vorteil dieser Bauweise liegt darin, dass diese Kanäle bereits vollständig im warmen Bereich verlegt wurden, also nicht wärmegedämmt werden mussten (siehe Kapitel 7.4.2, Abbildung 7.16).

Von dort erfolgt der vertikale Kanalverzug direkt nach unten in die stillgelegten Kaminzüge, die jeweils in den Wohnräumen (für die Zuluft, rot) und in den Badezimmern (für die Abluft, blau) genutzt werden konnten (siehe Abbildung 9.16).

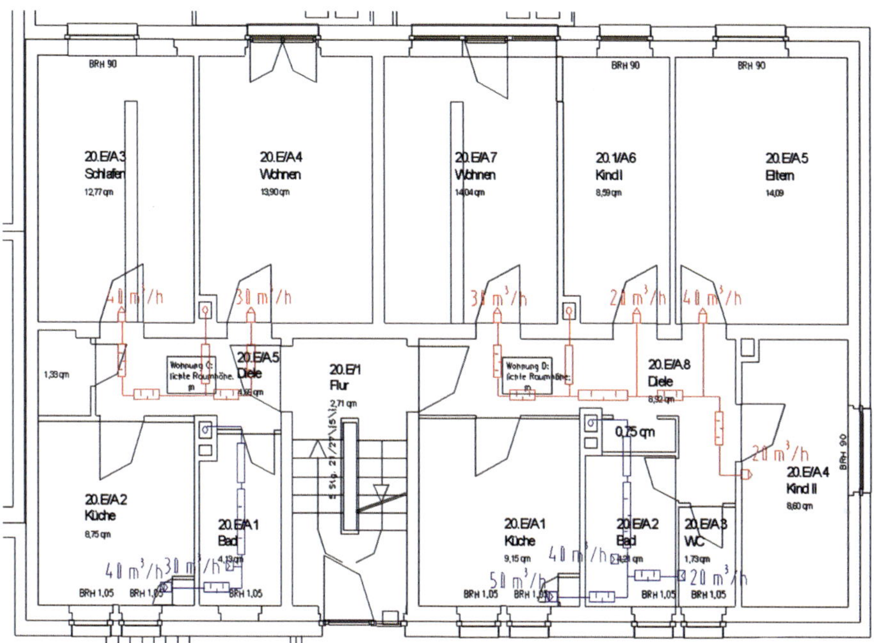

Abbildung 9.16 Grundrisse und Kanalführung der Zuluft (rot) und Abluft (blau). Der Vertikalverzug der Kanäle erfolgt für die Zuluft über die stillgelegten Kaminzüge im Wohnraum (an der Trennwand zum Schlafraum) und für die Abluft über den Kaminzug, der an den Flur bzw. das Badezimmer (an der Trennwand zur Küche) angrenzt. (Quelle: Stärz, N., Technisches Büro Pfungstadt)

In diesem Beispiel ist die Lage der stillgelegten Kaminzüge sowohl für die Zuluft als auch für die Abluft ideal für die Leitungsführung. Da für das Zuluftkanalnetz zwischen Wohn- und Schlafräumen jeweils Telefonieschalldämpfer benötigt werden und die Wohn- bzw. Schlafräume ohne Deckenabhängung bzw. Abkofferung auskommen sollten, wurde das Zuluftkanalnetz vollständig im Flur hinter einer Deckenabhängung montiert. Die Zuluftauslässe wurden jeweils über den Türen in Form von Weitwurfdüsen in den Schlaf- und Wohnräumen angeordnet. Hierzu war jeweils eine Kernlochbohrung erforderlich. Abbildung 9.17 zeigt das Zuluftkanalnetz noch vor der Verkleidung mit der Deckenabhängung. Links ist der Austritt aus dem stillgelegten Kaminzug erkennbar. Vor dem T-Stück, das in die beiden Telefonieschalldämpfer mündet, erkennt man den Antriebsmotor des Volumenstromreglers für die Zuluft dieser Wohneinheit. Brandschutztechnisch ist die Kanalführung mit einer klassischen Schachtinstallation gleichzusetzen. Beim Austritt aus dem Kaminzug sind die notwendigen brandschutztechnischen Maßnahmen äquivalent zum Schachtaustritt zu treffen (Brandschutzklappen, Kaltrauchsperren).

Abbildung 9.17 Zuluftkanalnetz mit Telefonieschalldämpfern vor der Deckenabhängung. Links ist der Austritt aus dem stillgelegten Kaminzug erkennbar. (Quelle. Stärz, N., Technisches Büro Pfungstadt)

Die Lage der Ablufträume (Küche und Bad) ist lüftungstechnisch optimal, weil die Abluftkanäle kreuzungsfrei geführt werden können. Vom Kaminzug aus wird die Abluft an der Decke des Badezimmers geführt. Schalltechnisch wird die Abluft der Küche mittels Telefonieschalldämpfer getrennt, der ebenfalls hinter der Deckenabhängung im Bad angeordnet ist. Die Küche wird lediglich über eine Kernlochbohrung mit Abluft erschlossen. Dort ist keine Deckenabhängung oder Abkofferung erforderlich.

Da die stillgelegten Kaminzüge ohnehin vorhanden waren und ein Abbruch weder vorgesehen war noch vom Aufwand her tragbar gewesen wäre, konnte bei diesem Beispiel eine gegenüber einer vergleichbaren Zentralanlage im Neubau sehr kostengünstige Anlage erstellt werden. Auch der Horizontalverzug und die Aufstellung des Zentralgeräts im warmen Dachraum war hinsichtlich der Investitionskosten sehr günstig. Diese Variante ist aber natürlich nur möglich/sinnvoll, wenn auch künftig kein Dachausbau geplant ist.

9.3.2 Mehrfamilienhaus im Projekt SINFONIA (Innsbruck, A)

Im Rahmen des EU-Projekts SINFONIA wurden zahlreiche Bestandswohnbauten (sozialer Wohnungsbau) energetisch saniert und mit Lüftungsanlagen mit Wärmerückgewinnung ausgestattet. Viele dieser Gebäude wurden früher mit Einzelöfen beheizt, die jeweils an einzelne Kaminzüge angeschlossen waren. Sie sind vom lichten Querschnitt nicht ausreichend, um einen vertikalen Verzug eines Zu- oder Abluftsammelkanals aufzunehmen. Daher wird in diesen Fällen der Verteiler im Dachbereich oder Keller platziert und von dort jede Wohneinheit einzeln angefahren. Dieses Verfahren weist zwar einerseits einen höheren Aufwand für die Leitungsführung auf, positiv wirkt sich aber aus, dass technische Installationen für Brandschutz und Volumenstromregler nicht innerhalb der Wohneinheit (Problem der Zugänglichkeit für Wartungsaufgaben), sondern zentral im Dach- oder Kellerbereich angeordnet werden können.

Wie sich bei einigen Baustellen gezeigt hat, sind die Kaminzüge weder im lichten Querschnitt über die gesamte Höhe konstant noch fluchtend. Darüber hinaus sind die Oberflächen oft durch Unregelmäßigkeiten im Mauerwerk und durch Mörtelüberstand sehr rau. Beim Versuch, konventionelle Lüftungsschläuche einzuziehen, stellte sich heraus, dass diese zu starr waren und nach wenigen Metern bereits eine zu hohe Wandreibung aufbauten. Erst mit deutlich flexibleren Schläuchen war es schließlich möglich, diese in die Kaminzüge einzuziehen, ohne den Kaminquerschnitt vorher auszufräsen. Letztere Technik ist zwar möglich und bei Kaminbauern eingeführt, aber relativ kostenintensiv.

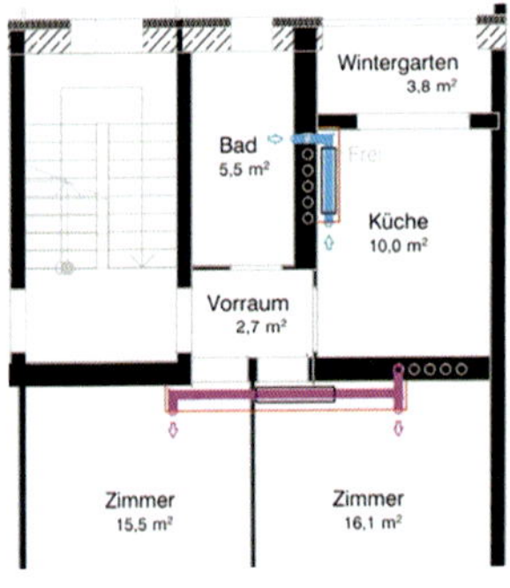

Abbildung 9.18 Zu- und Abluftversorgung der Wohneinheiten jeweils über Einzelkanäle durch einzelne Kaminzüge. Der Telefonieschallschutz wurde hier über Telefonieschalldämpfer in einer Abkofferung realisiert (Quelle: Alpsolar Klimadesign OG, Projekt SINFONIA, Mozartstraße, Innsbruck, A)

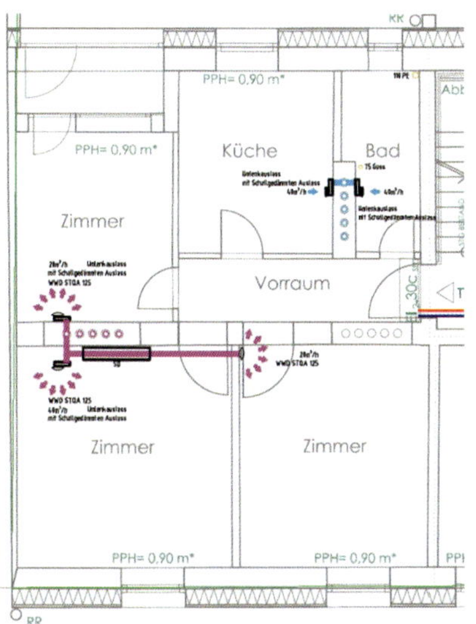

Abbildung 9.19 Zu- und Abluftversorgung der Wohneinheiten über stillgelegte Kaminzüge, Telefonieschallschutz zwischen den unmittelbar angrenzenden Zimmern sowie zwischen Küche und Bad entweder über spezielles schallgeschütztes T-Stück oder mittels schallgeschützter Luftdurchlässe für die Wandmontage (Quelle: Alpsolar Klimadesign OG)

Die Kaminzüge sind in vielen Fällen, weil sie früher für die Beheizung der Wohnräume konzipiert wurden, von ihrer Lage her bestens für die Kanalführung der Zuluft geeignet. Als problematisch stellte sich zunächst nur heraus, dass die Zuluftversorgung zweier unmittelbar angrenzender Räume mit einem Zuluftkanal auch schalltechnisch gelöst werden musste, obwohl weder Deckenabhängung noch Abkofferung für Telefonieschalldämpfer geplant war.

Aus diesem Grund wurde ein spezielles T-Stück entwickelt, das sowohl die Verzweigung der Luftströme auf die beiden Zulufträume als auch die schalltechnische Trennung auf kleinstem Raum ermöglichte (siehe Abbildung 9.20).

Abbildung 9.20 Schallgeschütztes T-Stück mit Schalldämmkulisse als Trennbauteil zwischen den beiden Abzweigen (Quelle: J. Pichler GmbH)

9.4 Nachträgliche vertikale Kanalführung bzw. Geräteanordnung im Treppenhaus

9.4.1 Lüftungskanäle im Treppenhaus am Beispiel der SINFONIA-Sanierungen IN 28 und IN 43

Falls keine stillgelegten Kaminzüge oder Fassadendämmung, wie in den vorangegangenen Abschnitten erläutert, für den vertikalen Leitungsverzug von Zu- und/oder Abluft zur Verfügung stehen, ist das Treppenhaus im Prinzip prädestiniert für den Kanaleinbau. Auch in diesem Fall fällt kein wertvoller Wohnraum für die Schachtausbildung zum Opfer. Allerdings ist auch bei vielen Treppenhäusern, insbesondere im sozialen Wohnungsbau, kaum freier Platz verfügbar. Zunächst ist das Treppenauge in Betracht zu ziehen. Es dient normalerweise der Beleuchtung mit Tageslicht über Dachfenster. Wenn dies jedoch nicht notwendig erscheint, kann dort die vertikale Leitungsführung erfolgen. Im Zuge der Altbaumodernisierung wurden viele dieser Treppenaugen allerdings durch Aufzugschächte verbaut. In Ausnahmefällen verbleibt aber manchmal noch neben dem Aufzugschacht ein Bereich, der zumindest für Rechteckkanäle zur Unterbringung der Zu- bzw. Abluft ausreicht.

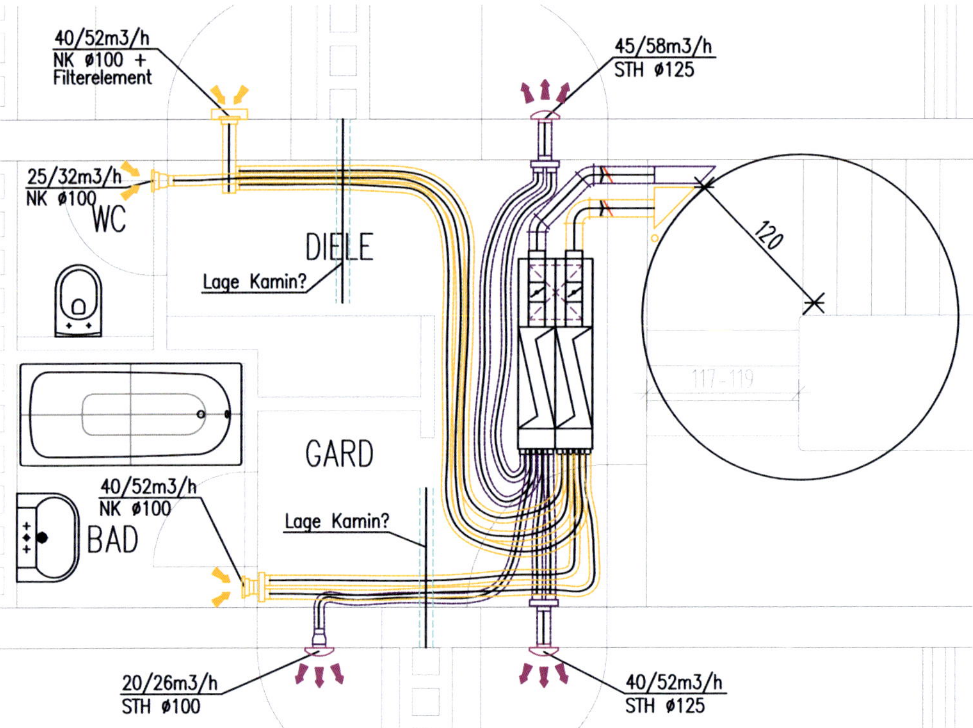

Abbildung 9.21 Vertikalverzug der Zu- und Abluftkanäle im Eckbereich des Treppenpodests in Form von Dreieckskanälen im SINFONIA-Beispielprojekt IN 28 (Liegenschaft der Neuen Heimat Tirol, NHT, Innsbruck) (Quelle: Music, A., Alpsolar Klimadesign OG)

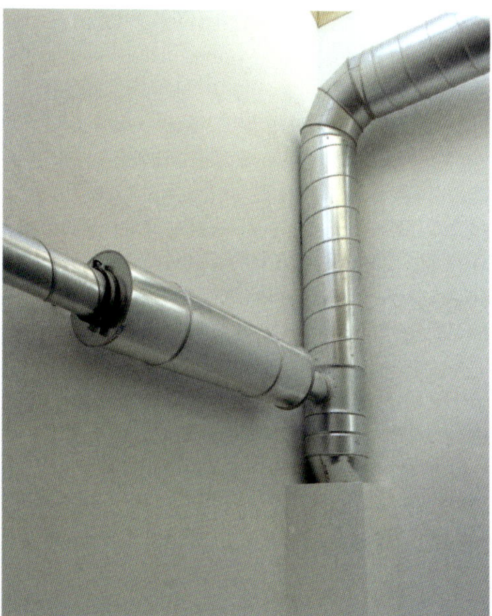

Abbildung 9.22 Vertikale Lüftungskanaldurchführung im Eckbereich des Treppenpodests, (links) (Beispiel NHT, IN 43, Innsbruck). Vor jeder Wohneinheit ist jeweils noch ein Schalldämpfer angeordnet (rechts)

Beide Fälle sind hinsichtlich der Baukosten als günstig einzustufen, weil aufgrund des durchgehenden Luftraums keine Deckendurchbrüche oder Schneidearbeiten notwendig sind. Ist jedoch auch dieser Raum bereits vollständig anderweitig genutzt, kann das Treppenhaus dennoch der geeignete Ort für den Vertikalverzug der Lüftungskanäle sein, weil dies nicht zu einer Verringerung des nutzbaren Wohnraums führt. Die Podeste der Treppenläufe weisen ggf. bezüglich der Durchgangsbreite ungenutzten Eckbereich auf, falls dieser nicht den in den Bauvorschriften vorgegebenen Wendekreis von z. B. 1,2 m einschränkt. Es kann dann eine zielführende Option sein, die Treppenpodeste im Eckbereich mittels Kernbohrung und/oder Ausstemmen für die Kanaldurchführung zu öffnen. Diese Baumaßnahme ist selbstverständlich vorher vom Statiker abzuklären und die Podesttragfähigkeit, falls notwendig, mittels Verstärkung statisch zu sichern. Abbildung 9.22 zeigt eine solche Leitungsführung im Eckbereich in einem Geschosswohnungsbau der Wohnungsbaugesellschaft NHT in Innsbruck (Liegenschaft IN 43).

In diesem Beispiel wird ausschließlich die Zuluft im Eckbereich geführt. Daher ist der Platz auch noch für ein Rundrohr ausreichend. Sollen sowohl Zu- als auch Abluft im Eckbereich geführt werden, kann der Eckbereich mit zwei Luftkanälen mit Dreiecksquerschnitt optimal genutzt werden. Da diese Kanalform jedoch keine Massenware, sondern eine Spezialanfertigung (Spenglerarbeit) darstellt, ist mit höheren Investitionskosten für das Material zu rechnen. Zusätzlich zur Kernbohrung ist die Dreiecksöffnung noch auszuschremmen. In jedem Fall kann der Eckbereich mit Gipskarton als Eckenabschrägung verkleidet werden.

9.4.2 Fassadenintegration von Lüftungsgeräten im Treppenhaus

In Geschosswohnbauten der 1960/70er Jahre wurden häufig Glasbausteine zur Tagesbelichtung von Treppenhäusern eingesetzt. Diese stellen massive thermische Schwachstellen (Wärmebrücken) dar und werden heute nach und nach saniert. Gut geeignet sind hierfür vorgefertigte Fassadenelemente.

„Auch gibt es eine Reihe von Geschosswohnbauten mit Rücksprüngen im Bereich der Treppenaufgänge, die im Rahmen einer Sanierung durch eine vorgestellte Leichtbaukonstruktion geschlossen werden können. In beiden Fällen bietet sich die Gelegenheit, den Einbau der Lüftungsgeräte im Brüstungsbereich der Treppenhäuser zu prüfen. Ein nennenswerter Vorteil dieser Variante ist der vom Mieter unabhängige Zugang zu Wartungszwecken. Die Zu- und Abluftleitungen können dann über die Fassade in der Dämmebene zu den Wohnungen verlegt werden. Aufgrund der nahezu identischen Abmessungen der Treppenhäuser, sind einmal entwickelte Lösungen mit hohem Wiederholungsfaktor einsetzbar. Nachteilig wirkt sich der zusätzliche Aufwand für die brandschutztechnische Einhausung des Geräts aus, denn die Lüftungsgeräte gehören aus Sicht des Brandschutzes zu den entsprechenden Wohnungen und müssen daher vom Treppenhaus (Fluchtweg) getrennt werden. Dies gilt auch für die Revisionsöffnung, die in entsprechender Güte ausgeführt werden muss.“ [Schulz 2018]

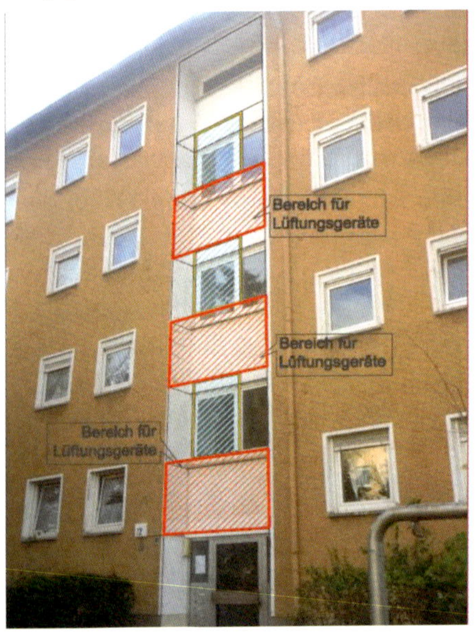

Abbildung 9.23 Austausch der Treppenhausfassadenelemente (Quelle: [Schulz 2018])

Ein Fassadenrücksprung im Bereich des Treppenhauses ist typisch für viele Geschosswohnbauten. Dieser Platz ist für die Aufstellung eines Lüftungsgeräts sehr gut geeignet, siehe Abbildungen 9.23 und 9.24.

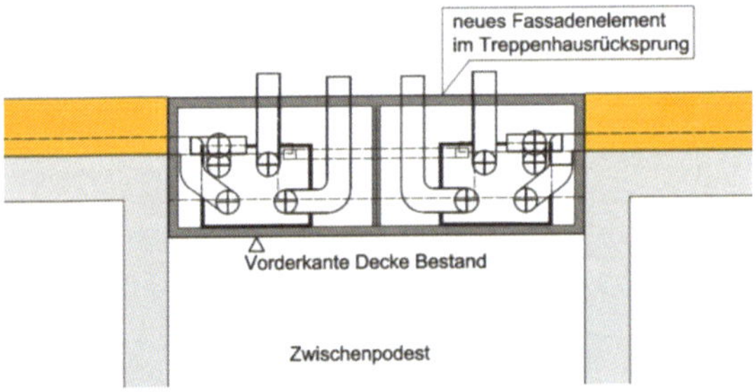

neues Fassadenelement im Treppenhausrücksprung
Vorderkante Decke Bestand
Zwischenpodest

Abbildung 9.24 Grundrissausschnitt eines Treppenhausrücksprungs. Hier bietet sich Platz für die Unterbringung der Wohnungslüftungsgeräte. Projekt Dürerstr. 3–5, Wohnbau Gießen. (Quelle: [Schulz 2018])

Im Rahmen der energetischen Sanierung soll die Fassadendämmung ohne Versprung durchgeführt werden. Dieser Platz kann für die Unterbringung der Wohnungslüftungsgeräte genutzt werden.

Bei üblichen Brüstungen von 85 bis 90 cm beträgt die nutzbare Höhe für die Unterbringung des Geräts etwa 80 cm (Abbildung 9.25 links). Je nach Konstruktion und Stutzenanordnung eignen sich Geräte mit einer Höhe von 50 bis 75 cm. Alternativ zum stehenden Einbau ist auch ein liegender Einbau möglich (Abbildung 9.25 rechts). Hier ist die Länge der Geräte von Bedeutung, denn die Treppenhausbreite ist in der Regel auf 2,25 m begrenzt.

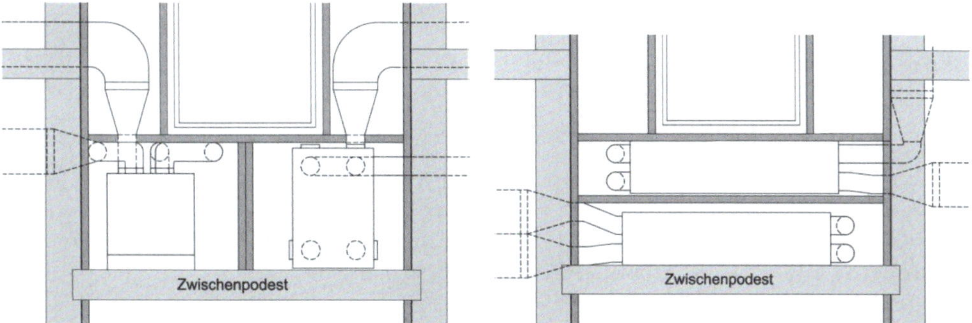

Abbildung 9.25 Ansicht von innen. Einbau des Geräts im Fensterbrüstungsbereich. Lichtes Maß: 80 cm. Gerätehöhe bei Stutzenanordnung oben: 50 bis 55 cm. Gerätehöhe bei Stutzenanordnung auf der Rückseite: 70 bis 75 cm (links). Geräteeinbauvariante liegend übereinander (rechts) (Quelle: [Schulz 2018])

9.5 Integration von Lüftung und Heizung mit Mikrowärmepumpe in vorgefertigte Fassadenelemente (EU-Projekt iNSPiRe)

Die Mehrheit des Gebäudebestands in Europa besteht aus Gebäuden mit geringer bis sehr geringer Energieeffizienz. Die hochwertige energetische Sanierung (z. B. auf EnerPHit-Standard mit 25 kWh/(m²·a)) spielt eine Schlüsselrolle bei der Einsparung von Energie und der Reduktion von CO_2-Emissionen.

Der Primärenergiebedarf für Heizung, Warmwasser, Hilfsenergie und Beleuchtung sollte bei maximal 50 kWh/(m²·a) liegen. Das EU-Projekt *iNSPiRe* zielt auf die hochwertige energetische Sanierung von Bestandsgebäuden ab. Erreicht werden soll dies durch einen systematischen Ansatz zur Entwicklung von energieeffizienten Renovierungs-Paketen sowie in die Gebäudehülle integrierten „Energieeffizienz-Kits".

Bei der Sanierung von Geschosswohnbauten zeigt sich, dass eine Gesamtsanierung inklusive Umstellung auf zentrale Lüftung, Heizung und TWW-Versorgung häufig nicht möglich ist. Gerade für Wohnbauten mit kleinen Wohneinheiten scheiden auch derzeitig verfügbare dezentrale Lösungen aus Platz- und Kostengründen aus (vgl. EU-Projekt SINFONIA). Es müssen daher innovative Lüftungs- und Heizungs-Konzepte für die Sanierung entwickelt und untersucht werden.

Im Rahmen des Projekts *iNSPiRe* wurde eine neuartige Mikro-Wärmepumpe (Mikro-WP) durch die Universität Innsbruck und die Firma SIKO Energiesysteme entwickelt, welche in eine vorgefertigte Holzrahmen-Fassade integriert werden kann.

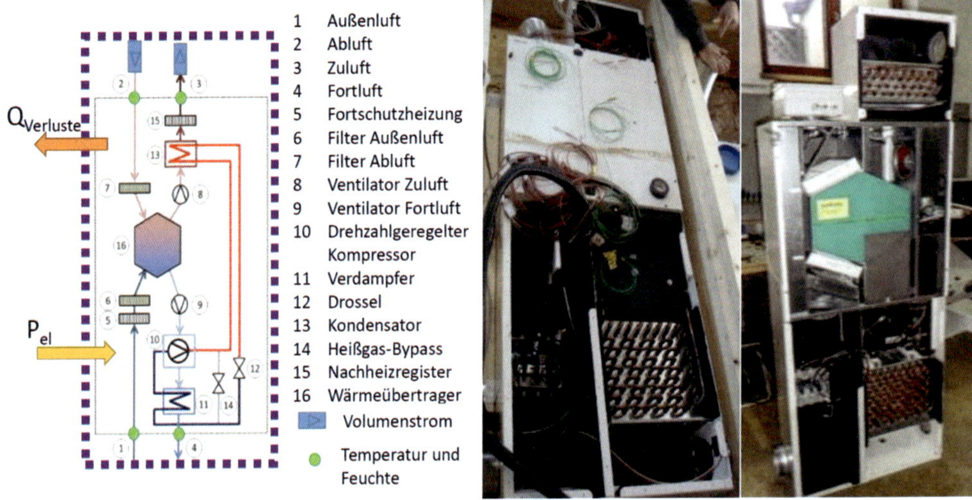

Abbildung 9.26 Links: Hydraulikschema von Mikro-WP und Lüftung mit den Temperatursensoren, rechts: Fertigung der Funktionsmuster der Mikro-WP und Lüftung (Quelle: [Siegele 2015])

Die Fortluft-Luft-Wärmepumpe in Kombination mit einer mechanischen Lüftung mit Wärmerückgewinnung wurde in einem vorgefertigten Holzrahmen-Fassadenelement der Fa. Gumpp & Maier (G&M) integriert und in einem Demogebäude der Wohnungsbau Ludwigsburg (WB-L) getestet (vgl. auch Ochs et al. 2015, Ochs et al. 2015a, Ochs et al. 2017).

Abbildung 9.27 Außenansicht des Demonstrationsgebäudes (Karl-Dieter-Str.) in Ludwigsburg (Deutschland) vor (links) und nach Umbau (rechts) der Wohnungsbau Ludwigsburg GmbH (WB-L) (Quelle: Ochs, F., UIBK)

Das Demogebäude (Abbildung 9.27) ist ein Mehrfamilienhaus, das in 1971 in Ludwigsburg (Deutschland) gebaut wurde. Das Gebäude wurde mit vorgefertigten Elementen der Holzfassade in Passivhaus-Qualität saniert.

Der Grundriss des Erdgeschosses, die Position der Mikrowärmepumpe und das Kanalsystem sind in Abbildung 9.28 dargestellt. Da alle Ablufträume im Norden liegen, konnten alle Abluftkanäle in die vorgefertigte Holzrahmenfassade integriert werden. (Die Einlässe sind in der

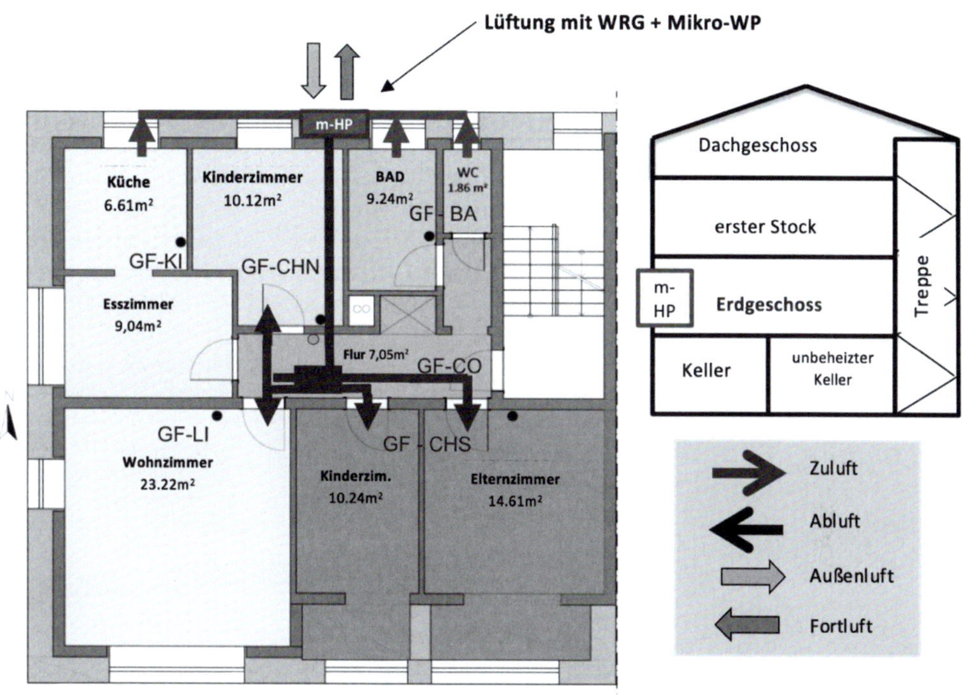

Abbildung 9.28 Grundriss des Erdgeschosses des Demo-Gebäudes Karl-Dieter-Straße (WB-L) in Ludwigsburg (D) mit Position der fassadenintegrierten WRG mit Mikro-WP und Kanalführung (Quelle: Ochs, F., UIBK)

Fensterlaibung platziert.) Die Abluftkanäle mit ihren Schalldämpfern wurden in die vorgefertigten Holzwandelemente integriert und benötigen keine weiteren Verbindungen. Damit mussten nur die Zuluftkanäle in der Wohnung installiert werden, wodurch Störungen für die Mieter während der Renovierung minimiert wurden. Die Luftverteilung wurde so konzipiert, dass die Verbindung von der Mikro-Wärmepumpe möglichst direkt durch das nördliche Kinderzimmer in den Flur geführt werden konnte, um von dort die Luft in die Zulufträume zu verteilen. Damit wurden Installationskosten, Druckverluste und ungeregelte Wärmeabgabe an das Kinderzimmer reduziert.

9.6 Kombination von Wärmerückgewinnung und Heizungswärmepumpe mit getrennter Innen- und Außeneinheit für die Sanierung (Systemkonzept im FFG-Projekt SaLüH!)

Die im vorangegangenen Kapitel vorgestellte Möglichkeit der Luftheizung (reine Zuluftheizung) mittels fassadenintegrierter Wärmepumpe stößt bei Sanierungsprojekten dann an ihre Grenzen, wenn die Heizlast den Grenzwert von ca. 10 W/m² übersteigt. Eine Anhebung des Zuluftvolumenstroms über den hygienisch notwendigen Wert von ca. 25 bis 30 m³/h pro Person ist nicht zulässig, weil sonst die Luft in der Heizperiode zu trocken werden kann. Eine Temperaturanhebung der Zuluft über 51 °C hinaus ist nicht möglich, weil sonst Staubverschwelung und damit Geruchsbelästigung eintreten würde. Auch reicht häufig die Fortluft als alleinige Quelle für die Wärmepumpe nicht aus. In diesen Fällen, die gerade bei der Gebäudesanierung mit einem Wärmedämmstandard schlechter als Passivhausstandard auftreten, kann mit Umluft (sowohl auf der Außenluftseite als auch auf der Zuluftseite) gearbeitet werden. Damit kann durch höhere Umluftvolumenströme der Wärmekapazitätsstrom und damit auch die Heizleistung theoretisch beliebig angehoben werden. Solche Geräte, die zusätzlich zum Zuluftvolumenstrom noch Raumluft als Umluft beimischen und dann erst über ein Heizregister schicken, sind bereits seit vielen Jahren verfügbar (siehe Abbildung 9.29).

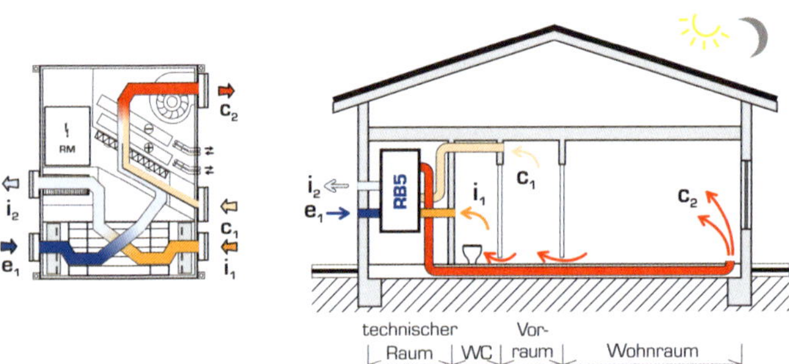

Abbildung 9.29 Luftheizung mit Zu- und Umluft (Quelle: Airflow Lufttechnik GmbH)

Der Vorteil liegt darin, dass auch größere Heizleistungen im Gebäude verteilt werden können. Allerdings müssen die Querschnitte für das Zuluftkanalnetz größer ausgelegt werden. Die höheren Luftmengen können auch leichter zu Strömungsgeräuschen und Zugluftererscheinungen führen. Darüber hinaus wird ein zusätzlicher Ansaugstutzen für die Umluftansaugung aus einem nicht geruchsbelasteten Raum (z. B. Korridor) benötigt. Als Wärmequelle kann mittels Hydraulikkreis praktisch jeder beliebige Wärmeerzeuger fungieren, oder das Gerät wird direkt mit einem kältemitteldurchströmten Register ausgestattet und z. B. in Kombination mit einer Außeneinheit mittels Wärmepumpe/Kältemaschine betrieben.

In der Weiterentwicklung dieser kanalgeführten Splitgeräteversion wurde von der Universität Innsbruck im Rahmen des FFG-Forschungsprojekts SaLüH! eine Heizungswärmepumpe entwickelt, die ebenfalls eine Kombination aus Lüftungsgerät mit Wärmerückgewinnung und einem Kältemittelkreislauf darstellt. In diesem Fall besteht jedoch die Inneneinheit aus zwei getrennten Kondensatoren: einem für die Zuluft direkt nach der Wärmeübertragung und einem zweiten für die Umluft, die komplett separat über den Kondensator geführt wird. Letzterer kann, falls nur geringere Leistungen benötigt werden, mittels Bypass umgangen werden. Nachfolgende Grafik veranschaulicht das Systemkonzept und den Einbau der fassadenintegrierten Außeneinheit (braun), der Inneneinheit (rot) und der Verteileinheit (orange).

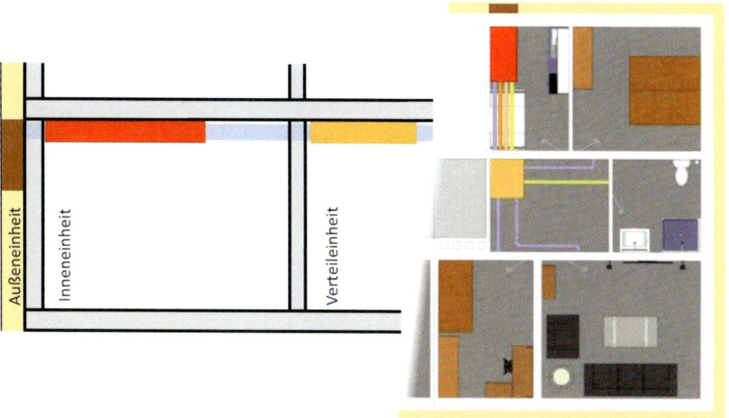

Abbildung 9.30 Systemkonzept der Heizungswärmepumpe, vertikaler Schnitt (links) und Einbau im Grundriss (rechts) (Quelle: Siegele, D., UIBK)

Nachfolgendes Schema zeigt den Kältekreis (gestrichelt) sowie den Lüftungsteil mit Wärme- und Feuchterückgewinnung sowie den Umluftkreis. Beide Systeme sind in einem Gehäuse vereint und werden in Deckenmontage horizontal verbaut. Die Schalldämpfer sind ebenfalls bereits in diesem Gehäuse integriert.

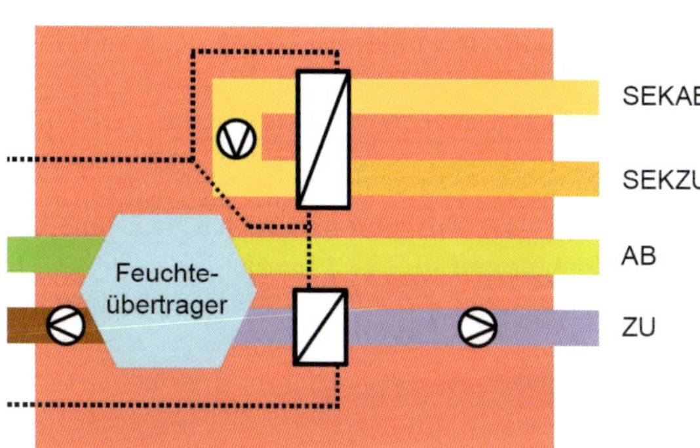

Abbildung 9.31 Schema der im FFG-Projekt SaLüH! entwickelten Inneneinheit der Heizungswärmepumpe mit Kältekreis (gestrichelt) und den Lüftungskanälen für die Wärmerückgewinnung und den Umluftkreis (Quelle: Siegele, D., UIBK)

An der Universität Innsbruck (Arbeitsbereich Energieeffizientes Bauen) wurde dieser Prototyp thermisch (Wärmerückgewinnung, Heizung/Kühlung) und lufttechnisch (Volumenströme, Stromeffizienz der Zuluft, Abluft und Umluft) untersucht. Das flache Gerät ist für die Deckenintegration konzipiert. In dieser Einbaulage besteht generell das Problem, dass Kondensattropfen nicht durch die Schwerkraft ablaufen können. Dadurch kann der Druckabfall im Fortlufttrakt des Geräts signifikant ansteigen und die Wärmeübertragung beschränkt sich auf den verbleibenden Querschnitt. Ist das Gerät nicht in der Lage, den zusätzlichen Druckabfall durch Konstantvolumenstromventilatoren zu überwinden, kommt es zu starkem Abfall der Wärmerückgewinnung aufgrund von Disbalance. Aus diesem Grund wird vom horizontalen Einbau von Wärmeübertragern ohne Feuchterückgewinnung generell abgeraten. In dem vorgestellten Prototyp wurde daher ein feuchterückgewinnender Wärmeübertrager eingesetzt.

10 Wirtschaftlichkeit und Kosteneffizienz

Wie bereits eingangs erwähnt, bietet die Komfortlüftung zahlreiche Vorteile. Besonders die gesunde schadstoffarme Raumluft stellt ja den Hauptgrund dar, warum wir überhaupt lüften. Die Wohnungslüftung sollte daher eigentlich zum selbstverständlichen Bestandteil jeder Sanierung – spätestens nach dem Fenstertausch – gehören. Gesundheit und Komfort stellen jedoch nur schwer monetarisierbare Größen dar und gehen daher nur selten in Wirtschaftlichkeitsbetrachtungen ein.

Grundprinzip jeder Wirtschaftlichkeitsbetrachtung ist der Vergleich einer verbesserten Variante oder Maßnahme mit einer Referenzvariante. Daraus werden anschließend die Mehrkosten und der jährliche Profit unter Berücksichtigung von Kapitaldienstleistung, Wartungs- und Erhaltungsaufwand sowie ggf. dem Restwert der Investition berechnet. Gerade dieser Vergleich mit einer Referenzvariante setzt aber die tatsächliche Vergleichbarkeit der beiden Varianten voraus. Speziell bei der Wohnungslüftung geht es um die Vergleichbarkeit der resultierenden Luftqualität der jeweiligen Ausführungen. Luftqualität ist aber nicht mit Luftwechselrate gleichzusetzen, denn bei der Lüftungseffizienz sollen Schadstoffe so abgeführt werden, dass sie die Atemluft der Bewohner möglichst wenig belasten. Das Augenmerk liegt also auf dem Luftalter im Aufenthaltsbereich und dieses wiederum hängt nicht nur von der Luftwechselrate, sondern auch von der Art der Luftführung ab (siehe hierzu Kapitel 4). Eine mittels Ventilatoren betriebene zuverlässige gerichtete Strömung von den Zulufträumen hin zu den Ablufträumen ermöglicht eine sichere Schadstoffabfuhr. Reine Fensterlüftung hingegen ist von quasi zufälligen Antriebskräften wie Wind bzw. Temperaturunterschieden abhängig. Damit kann weder die Höhe der Luftwechselrate noch die Richtung der Durchströmung sichergestellt werden. So kann beispielsweise Luft durch ein WC-Fenster eindringen und in den Schlafräumen mit entsprechender Geruchsbelastung wieder austreten. Ein direkter Vergleich von Fensterlüftung mit der gerichteten ventilatorgetriebenen Strömung eines Lüftungssystems wäre daher unfair, selbst wenn im Mittel jeweils die gleichen Luftwechselraten zu erwarten wären. In nachfolgender Betrachtung soll daher als Referenzvariante nicht die Fensterlüftung, sondern die reine Abluftanlage (Abluft in Bad/Küche/WC, Außenluftnachströmung über Außenwanddurchlässe in den Wohn- und Schlafräumen) herangezogen werden. Diese Vorgehensweise wurde auch im Rahmen der Studie [BMVBS 2008] angewendet. Die Begründung findet sich im Anhang 16.5 dieser Veröffentlichung. Aber selbst der Vergleich mit der reinen Abluftanlage ist nicht absolut korrekt, denn der Komfort und die Luftqualität einer Zu-/Abluftanlage mit Wärmerückgewinnung sind noch um einiges besser als die einer reinen Abluftanlage. Häufig werden bei Abluftanlagen Zugerscheinungen durch eintretende Kaltluft an den Außenwandluftdurchlässen bemängelt. Auch die Aufteilung der Luftmengen auf die einzelnen Zulufträume ist bei Abluftanlagen nicht immer sicherzustellen. Eine Komfortlüftung mit Wärmerückgewinnung führt dagegen in jeden Zuluftraum vorerwärmte Luft zugfrei mit dem vorgesehenen Volumenstrom ein. Es sei daher angemerkt, dass die Wirtschaftlichkeitsrechnung auch bei null Euro jährlichem Profit den Vorzug der Komfortlüftung anzeigen würde.

10.1 Annahmen der Randbedingungen für die Wirtschaftlichkeitsrechnung

Das Ergebnis der Wirtschaftlichkeitsbedingung hängt nicht nur von den klimatischen, sondern auch von den ökonomischen Randbedingungen ab (Zinsen und Energiekosten). Die Ergebnisse für eine individuelle Anlage können daher je nach Standort und Energiebezugskosten schwanken. Einen wesentlichen Einfluss auf das Berechnungsergebnis nimmt die Annahme für die Lebensdauer. Wie eine wissenschaftliche Nachuntersuchung des ersten Passivhauses in Darmstadt-Kranichstein nach 25 Jahren Betriebsdauer ergeben hat, waren die Anlagen bis auf einzelne Ventilatoren, die ausgetauscht wurden, noch vollständig intakt. Eine Abnutzung ist bei den Kanälen und anderen nicht beweglichen Bauteilen der Anlage (mit Ausnahme der Filter; diese gehen in die Wartungskosten ein) auch nicht zu erwarten. Es wurde im vorliegenden Beispiel eine technische Lebensdauer von 30 Jahren (konservative Abschätzung) angesetzt und mit folgenden weiteren Randbedingungen gerechnet:

Wirtschaftliche Randbedingungen:	
Nominalzins	7,40 % p.a.
Inflationsrate	4 %
Realzins	3,27 % p.a.
Kalkulationsdauer	20 a
Lebensdauer Lüftungsgerät	25 a
Lebensdauer Kanalnetz	50 a
technische Lebensdauer	30 a
Annuität	6,9 % p.a.
mittlerer Energiepreis (Gas/Öl)	0,0659 €/kWh
mittlere Energiekosten inkl. Hilfsenergieanteil	0,0684 €/kWh
Strompreis	0,18 €/kWh
Physikalische Randbedingungen:	
Heizgradstunden	78.000 Kh/a
Diff. Jahresnutzungsgrad	90 %
Luftdichtheit der Gebäudehülle	Variationsbereich von n_{50}=0,4 1/h bis 3,0 1/h

10.2 Kosten und Randbedingungen der Referenzvariante

Als Referenzvariante wird, wie eingangs erläutert, von einer Abluftanlage ausgegangen, die Investitionskosten in Höhe von 32 €/m² verursacht. Diese Anlage erzeugt in Bad/Küche/WC Unterdruck. Die Luft strömt aus Schlaf- und Wohnräumen nach, wobei die gleiche Gesamtluftwechselrate (Summe aus maschinellem Luftwechsel und In-/Exfiltration von 0,33 m³/h) wie bei der Zu-/Abluftvariante mit Wärmerückgewinnung angesetzt wird. Im Vergleich zu einer Komfortlüftung mit Wärmerückgewinnung sowie Zu- und Abluftkanalnetz beschränkt sich eine solche Abluftanlage auf das Abluftkanalnetz, einen Abluftventilator sowie Außenwandluftdurchlässe (ALD). Dennoch besteht auch hierfür ein gewisser Strom- (Abluftventilator, Annahme: Stromeffizienz 0,15 Wh/m³) und Wartungsaufwand (Filterwechsel an den ALDs, 15 €/a). Diese Kosten fallen also gegenüber der Komfortlüftungsanlage deutlich geringer aus, weil der Druckabfall für das Zuluftkanalnetz entfällt und Filterwechselkosten geringer liegen. Letztlich wird nur der Mehraufwand für Strom und Wartung gegenüber der Referenzvariante in der Wirtschaftlichkeitsbetrachtung zur Anrechnung gebracht.

10.3 Wirtschaftlichkeit einer Anlage mit klassischer Kaskadenlüftung

Die Ergebnisse der dynamischen Wirtschaftlichkeitsrechnung einer Komfortlüftung mit Wärmerückgewinnung für ein saniertes Einfamilienhaus (EnerPHit-Standard) unter den genannten Randbedingungen zeigt, dass die Wirtschaftlichkeit der Wärmerückgewinnung erst bei einer Gesamtkostenunterschreitung der Anlage von 4300 € erreicht wird. Dabei wurde bereits eine sehr gute Luftdichtheit des Gebäudes von 0,6 1/h unterstellt, wie sie für den Passivhausstandard gefordert wird. Mit steigenden Leckageverlusten sinkt der jährliche Profit in den negativen Bereich (unwirtschaftlich) von ca. –30 €/a bei einem n_{50}-Wert von 1,0 1/h bzw. 58 €/a bei 1,5 1/h, wenn man von gleicher Gesamtluftwechselrate (Summe aus mechanischem Luftwechsel und Infiltrationsluftwechsel) ausgeht.

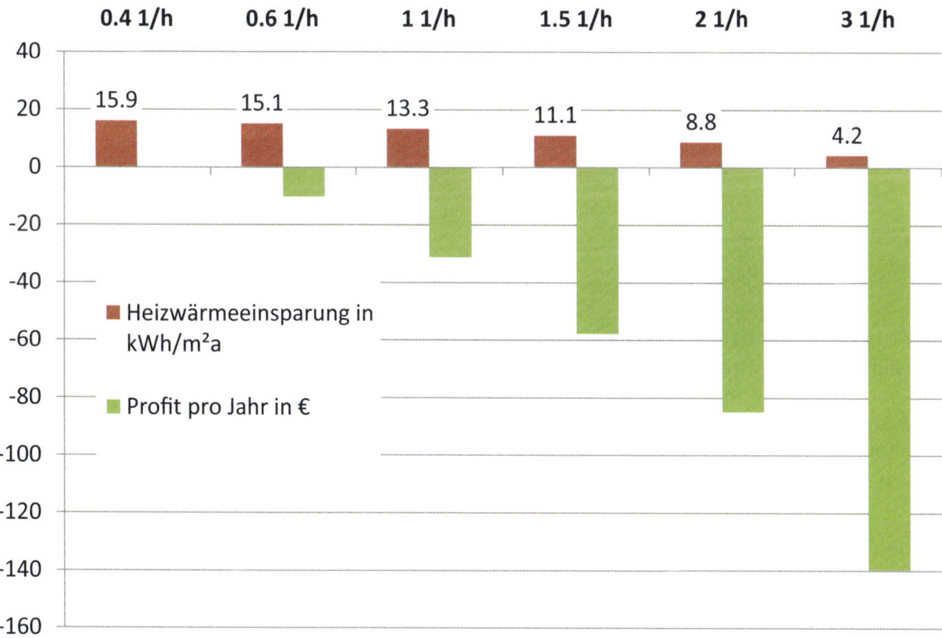

Abbildung 10.1 Heizwärmeeinsparung und jährlicher Profit in Abhangigkeit der Gebäudedichtheit (n_{50}-Wert) (Quelle: Pfluger, R., UIBK)

Für die genannten Berechnungen wurde von einem hocheffizienten Lüftungsgerät mit 85 % Wärmerückgewinnung und einer hohen Stromeffizienz (0,3 Wh/m³ bei 100 Pa externer Pressung) ausgegangen.

In Abbildung 10.2 werden die maximal wirtschaftlichen Investitionskosten für unterschiedliche Wärmerückgewinnung und Stromeffizienz dargestellt. Bei dieser Betrachtung wurden der spezifische Stromverbrauch der Abluftanlage auf dem genannten Wert von 0,15 Wh/m³ und der n_{50}-Wert des Gebäudes auf 0,6 1/h konstant gehalten. Die Ergebnisse zeigen, dass sowohl eine hohe Stromeffizienz als auch ein guter Wärmebereitstellungsgrad von hoher Bedeutung für die Wirtschaftlichkeit der Anlage sind. Da heutige Geräte praktisch alle mit effizienten Gegenstrom-Wärmeübertragern und elektronisch kommutierten Gleichstrommotoren ausgestattet sind, sind die Mehrkosten hocheffizienter Anlagen kaum mehr relevant. Man sollte daher beim Kauf der Geräte bei der Auswahl einen sorgfältigen Vergleich der Effizienz vornehmen. Eine sehr gute Vergleichbarkeit und Zuverlässigkeit der Werte liegt für Geräte mit PHI-Zertifikat vor, weil diese, wie in Kapitel 6 erläutert, korrekt, einheitlich und von herstellerunabhängigen Prüflabors gemessen wurden.

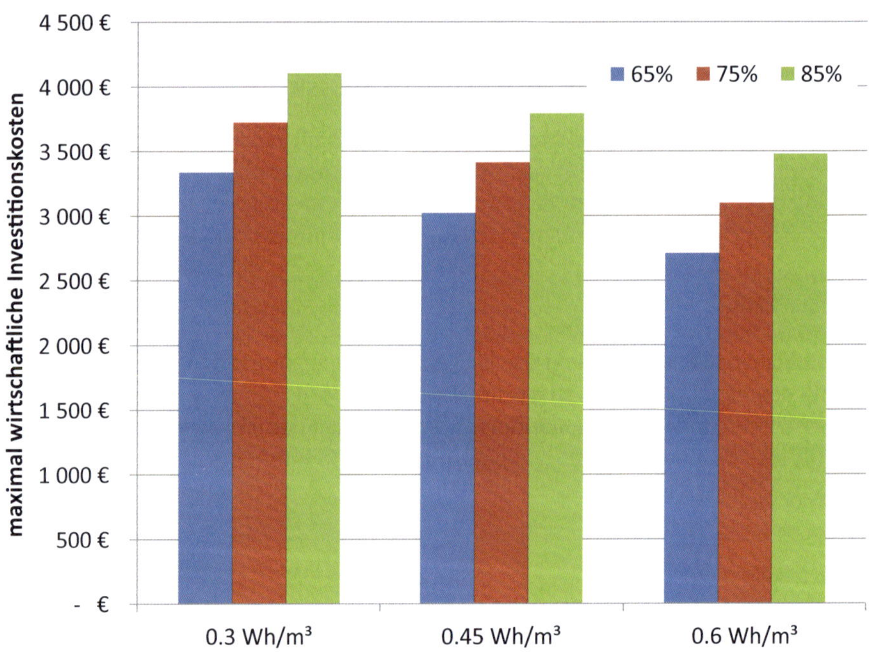

Abbildung 10.2 Maximale wirtschaftliche Investitionskosten der Lüftungsanlage für unterschiedliche Wärmerückgewinnung und Stromeffizienz (Quelle: Pfluger, R., UIBK)

10.4 Investitionskosten und deren Aufteilung bei unterschiedlichen Anlagenvarianten

In [Pfluger 2004] wurden Grundrisse aus 23 Bestandswohnungen (Baujahr 1900 bis 1989, zufällige Auswahl) mit unterschiedlicher Wohnfläche daraufhin untersucht, welche Kosten sie für die lüftungstechnische Erschließung inkl. Wanddurchbrüchen, Deckenabhängung, Montage etc. erfordern. Daraus wurden die spezifischen Investitionskosten für zentrale bzw. wohnungsweise Lüftungsanlagen in Abhängigkeit der Wohnfläche bestimmt. Daraus lässt sich erkennen, dass Unterschiede zwischen zentraler und dezentraler Lösung im Bereich von Wohnungsgrößen über 80 m^2 kaum mehr erkennbar sind. Für besonders kleine Wohneinheiten bzw. Appartements dagegen ist ein Kostenvorteil für die zentrale Lösung gegeben. Für die Bewertung ist allerdings zu bedenken, dass es sich hier um reine Baukosten (ohne Planungskosten) handelt, die bei zentralen Lösungen deutlich höher ausfallen. Hinzu kommt noch der höhere Wartungsaufwand für die Brandschutzklappen, die in Deutschland bei Zentralanlagen im Geschosswohnungsbau unumgänglich sind.

„Betrachtet man die Verteilung der Investitionskostenanteile auf die Bereiche Zentralgerät, Kanalsystem und Verkleidung, so erkennt man, dass bei wohnungsweisen Wärmerückgewinnungsgeräten der Großteil der Kosten auf das Gerät entfällt, bei zentralen Lösungen dagegen auf das Kanalsystem.“ [Pfluger 2004]

Nützliche Links

www.passiv.de Download kostenloser Tools, Publikationen etc., Komponentendatenbank mit zertifizierten Lüftungsgeräten

https://passipedia.de/planung/haustechnik/lueftung/grundlagen Die Passipedia ist ein Nachschlagewerk für energieeffizientes Bauen und Sanieren. Unter dem genannten Link finden sich die Grundlagen der hocheffizienten Lüftung.

https://phi-ibk.at/luftfuehrung Planungshinweise für die Luftführungskonzepte mit Kaskadenlüftung

https://www.alpines-bauen.com/#services Hier stehen Leitfäden für Gebäudehülle und Haustechnik insbesondere bei Stufensanierung zur Verfügung. Der Haustechnik-Leitfaden gibt Handwerkern und Bauherren Hinweise, welche Aspekte bei der Planung und Umsetzung von Sanierungsmaßnahmen besonders beachtet werden sollten. Hier findet sich auch das Thema Lüftung in der Sanierung.

https://www.alpines-bauen.com/checklist_notes/leitfaden-gebaeudetechnik Der Leitfaden Gebäudetechnik gibt Entscheidungshilfen und Rechentools für Neuinstallation oder Adaptierung der Gebäudetechnik im Falle der schrittweisen Sanierung von Gebäuden. Neben Heizung und Warmwasser wird dabei auch auf die Wohnungslüftung speziell bei der Sanierung (nachträglicher Einbau) eingegangen. Dieses Tool wurde im Rahmen einer Masterarbeit an der Universität Innsbruck erarbeitet. Sowohl das PDF der Arbeit als auch die Excel-Datei stehen hier zum Download zur Verfügung.

http://www.komfortlüftung.at/ Homepage des gemeinnützigen Vereins „Komfortlüftung.at" mit vielen nützlichen Erläuterungen zu Grundlagen und Planungshinweisen der Komfortlüftung.

http://www.enerweb.ch/kwl.html Das einfache Tool, mit direkter Integration der Lüftungskomponenten, wird zur Dimensionierung von kontrollierten Wohnungslüftungen eingesetzt. Berechnet werden Druckverlust, Schall sowie Kanaldämmung. Das Tool ist allerdings auf Anlagen nach der Sternstruktur beschränkt. Klassische Verrohrungen nach der Baumstruktur sind damit nicht möglich.

Literatur

[Bauphysik 4/1980] Kleine Anfrage und Beantwortung durch die Bundesregierung zur Problematik „Dichte Fenster", Deutscher Bundestag, 197. Sitzung, Bonn, 18.01.1980, Anlage 114

[BMVBS 2008] „Bewertung energetischer Anforderungen im Lichte steigender Energiepreise für die EnEV und die KfW-Förderung", BBR-Online-Publikation, Nr. 18/2008

[Boch 2018] Boch, T.: Messtechnische Untersuchung einer Laminar Flow-Zuluftverteilung, Masterarbeit, Universität Innsbruck, 2018

[Brasche 2003] Brasche, S.; Heinz, E.; Hartmann, T.; Richter, W.; Bischof, W.: Vorkommen, Ursachen und gesundheitliche Aspekte von Feuchteschäden in Wohnungen, Bundesgesundheitsblatt, Band 46. Nr. 8/ August 2003

[Component Award 2016] Lüftungskonzepte für die Sanierung, Red.: Bräunlich, K.; Kah, O.; Lang, A.; Wünsch, B., Passivhaus Institut GmbH (Hrsg.), Darmstadt, 2016

[DETAIL 2016] Pfluger, R.; Rojas, G.; Sibille, E.; Kah, O.; Bräunlich, K.: Komfortlüftung effizient und kostengünstig planen, DETAILgreen 01/16, 2016

[Ecodesign 2014] Commission Regulation (EU) No 1253/2014 of 7 July 2014 implementing Directive 2009/125/EC of the European Parliament and of the Council with regard to ecodesign requirements for ventilation units Text with EEA relevance, https://eur-lex.europa.eu/legal-content/EN/TXT/?qid=1472114963266&uri=CELEX:32014R1253

[Effizienzkennzahl 2016] Beiblatt zur Effizienzkennzahl nach PHI, abrufbar unter https://passiv.de/downloads/03_zertifizierungskriterien_lueftungsgeraete_Beiblatt_Effizienzkennzahl_de.pdf

[Feist 2018] Feist, W., Pfluger, R., Hasper, W.: Durability of Building Fabric Components and Ventilation Systems in Passive Houses, to be published 2019

[Großklos 2011] Großklos, M.; Knissel, J.: Bilanzierung und Belüftung von Treppenhäusern in Geschosswohnbauten bei der Bestandssanierung, IWU-Bestellnummer 04/11, ISBN 978-3-941140-20-2

[Gruber 2018] Gruber, M: Zuluftverteilung für die Wohnungslüftung mit laminarer Strömung, Studie zur Machbarkeit und Effizienz, Masterarbeit, Univ. Innsbruck, 2018

[Kopeinig 2012] Kopeinig, G.; Rothbacher, M.; Pfluger, R.: Overflow elements: Impacts on Energy Efficiency, Indoor air quality and sound attenuation, AIVC-Tightvent, Brussels, 2012

[Kopeinig 2015] Kopeinig, G.: Optimization potentials for mechanical ventilation of energy-efficient housing: Simulation and evaluation methods, Innsbruck, Univ., Diss., 2015

[Lautner 2013] Lautner, U.: Einsatz von Lüftungsgeräten mit Rotationswärmetauscher, Arbeitskreis kostengünstige Passivhäuser, Phase V, Lüftung in Passivhaus-Nichtwohngebäuden, Feist, W. (Hrsg.), Protokollband 44, 1. Auflage, Darmstadt, 2013

[Music 2018] Music, A.: Luftverteilung: Erschließung über die Fassade. Erfahrungen aus dem Forschungsprojekt SINFONIA (A), Feist, W. (Hrsg.), Protokollband 54, 1. Auflage, Darmstadt, 2018, S. 127-136

[Ochs 2015] F. Ochs, F.; Siegele, D.; Dermentzis, G.; Salzmann, A.; Riecke, C.; Feist, W.: Optimierung der Systemarbeitszahl einer Kleinst-Fortluft-Wärmepumpe, Forschungs- und Studienzentrum, Internationaler Kongress 2015, Pinkafeld, Austria

[Ochs 2015a] Ochs, F.; Siegele, D.; Dermentzis, G.; Feist, W.: Fassadenintegrierte Lüftung mit WRG und Mikro-Wärmepumpe für die Sanierung. Ökosan 2015, Graz, Austria

[Ochs 2015b] Ochs, F.; Siegele, D.; Dermentzis, G.: Prefabricated Timber Frame Façade with Integrated Active Components for Minimal Invasive Renovations, 6th International Building Physics Conference, IBPC 2015, Torino, Italy

[Ochs 2015c] Ochs, F.; Siegele, D.; Dermentzis, G.: Façade-integrated MVHR with speed-controlled micro-heat pump, Proceedings of the 24th IIR International Congress of Refrigeration, Yokohama, Japan

[Ochs 2017] Ochs, F.; Dermentzis, G.; Siegele, D.: Façade Integrated MVHR and Heat Pump, Advanced Building Skins Conference, 2017 Bern, Switzerland

[Pettenkofer 1858] Max von Pettenkofer „Besprechung allgemeiner auf die Ventilation bezüglicher Fragen", München, 1858

[Pfluger 2004] Pfluger, R.: Integration von Lüftungsanlagen im Bestand – Planungsempfehlungen für Geräte, Anlagen und Systeme, Arbeitskreis kostengünstige Passivhäuser, Protokollband Nr. 30, Passivhaus-Institut, Darmstadt, 2004

[Pfluger 2013] Pfluger, R.: Empfehlung zur Auslegung von Lüftungsnetzen, Arbeitskreis kostengünstige Passivhäuser, Phase V, Lüftung in Passivhaus-Nichtwohngebäuden, Feist, W. (Hrsg.), Protokollband 44, 1. Auflage, Darmstadt, 2013

[Pfluger 2013] Pfluger, R.; Feist, W.; Hasper, W.: The use of coaxial ducts in ventilation systems, Pollack Periodica, Vol. 8, No. 1, pp. 89-96 (2013)

[Pfluger 2018] Pfluger, R.: Luftverteilung ohne Luftleitungen und Ventilator mit Wärmerückgewinnung für die Fassadenintegration, Arbeitskreis kostengünstige Passivhäuser, Phase V, Neue Konzepte der kontrollierten Lüftung: Fassadenintegrierte Lüftung, Feist, W. (Hrsg.), Protokollband 54, 1. Auflage, Darmstadt, 2018

[Reichel 1999] Reichel, Dirk: Zur Zuluftsicherung von nahezu fugendichten Gebäuden mittels dezentraler Lüftungseinrichtungen; Dissertation an der Fakultät Maschinenwesen der TU Dresden, 1999

[Schmeißer 2006] Schmeißer, T.: New trends in building ventilation. in: 10th International Passive House Conference 2006 Hannover, Darmstadt, Passive House Institute, 2006

[Schöberl 2011] Schöberl, H.; Hofer, R.: „Reduktion der Wartungskosten von Lüftungsanlagen in Plus-Energiehäusern, HDZ-Endbericht, Wien, 2011, download unter https://nachhaltigwirtschaften.at/resources/hdz_pdf/endbericht_1202_reduktion_wartungskosten.pdf?m=1469660355

[Schulz 2018] Schulz, P.: Bauteilintegrierte Wohnraumlüftung – wohnungsweise Systeme, Feist, W. (Hrsg.), Protokollband 54, 1. Auflage, Darmstadt, 2018, S. 7-24

[Schwerdtfeger 2018] Schwerdtfeger, P.: Luftverteilung: Erschließung über die Fassade. Erfahrungen aus dem Projekt Nauheimer Straße, Feist, W. (Hrsg.), Protokollband 54, 1. Auflage, Darmstadt, 2018, S. 137-150

[Scofield 1992] Scofield, Sterling: Entwicklung biologischer Organismen und Wechselwirkungen mit menschlichen Organen und der Umgebung, ASHRAE Journal 34, 1992, S. 52

[Sedlbauer 2001] Sedlbauer, K.: Vorhersage von Schimmelpilzbildung auf und in Bauteilen, Dissertation, Lehrstuhl für Bauphysik, Universität Stuttgart, 2001

[Sibille 2013] Sibille, E., Rojas-Kopeinig, G.: „Komfort- und kostenoptimierte Luftführungskonzepte für energieeffiziente Wohnbauten „Doppelnutzen", Berichte aus Energie- und Umweltforschung, NACHHALTIGwirtschaften, bmvit 37/2013

[Sibille 2015] Sibille, E.: Optimized integration of ventilation with heat recovery in residential buildings through the implementation of innovative air distribution strategies and pre-fabricated components, Dissertation, LFUI, Innsbruck, 2015

[Siegele 2015] Siegele, D.: Measurement and Simulation of the Performance of a Facade-integrated MVHR with Micro Heat Pump, Master Thesis, University of Innsbruck, 2015, Innsbruck, Austria

[Tappler et al. 2014] Tappler, P.; Hutter, H.P.; Hengsberger, H.; Ringer, W.: Lüftung 3.0 – Bewohnergesundheit und Raumluftqualität in neu errichteten, energieeffizienten Wohnhäusern. Vienna: Institut für Baubiologie und Bauökologie. 2014 (http://innenraumanalytik.at/pdfs/lueftung_2014.pdf)

[Thaler 2010] Thaler, A.: Lebenszykluskosten von Wohnraumlüftungsanlagen im mehrgeschossigen Wohnbau. Diplomarbeit, FH-Kufstein, 2010

[Wagner 2009a] Wagner, W., Prein, A., Felberbauer, K.; Spörk-Dür, M.; Suschek-Berger, J. Energietechnische und baubiologische Begleituntersuchung Passivhauswohnanlage Dreherstraße, 2009.

[Wagner 2009b] Wagner, W.; Prein, A.; Spörk-Dür, M.; Suschek-Berger, J.: Energietechnische und baubiologische Begleituntersuchung Passivwohnhausanlage Markartstraße, 2009

[Wagner 2012] Wagner, W. et al.: Forschungsprojekt Passivhauswohnanlage Lodenareal (Final Report). 2012, (https://www.energie-tirol.at/fileadmin/static/sonstiges/51800_Lodenareal_Endbericht_2013.03.13_mb.pdf)

[Werner & Laidig 2009] Werner, J.; Laidig, M.: Grundlagen der Wohnungslüftung im Passivhaus. In W. Feist (Ed.), AKKP 17: Dimensionierung von Lüftungsanlagen in Passivhäusern (7. Ausg. S. 25-54), Passivhaus Institut GmbH, 2009

[ZukoLü 2013] Zukunftstaugliche Komfortlüftungssysteme in großvolumigen Wohngebäuden im Spannungsfeld von Hygiene und Kosten (zuKoLü), Infoblätter zur Lüftungsreinigung, Haus der Zukunft, bmvit, Wien, Juni 2013

[ZuKoLü 2014] Unterberger, B.; Mairinger, E.; Rammerstorfer, J.; Krempl, M.; Hüttler, W.; Twrdik, F.; Tappler, P.; Leitzinger, W.: Zukunftstaugliche Komfortlüfungssystme in großvolumigen Wohngebäuden im Spannungsfeld von Hygiene und Kosten, NACHHALTIGwirtschaften, bmvit, Wien, 4/2014

DIN 4108-2:2013-02 Wärmeschutz und Energie-Einsparung in Gebäuden – Teil 2: Mindestanforderung an den Wärmeschutz. Berlin: Beuth

DIN EN ISO 16000-32:2014-10 Innenraumluftverunreinigungen – Teil 32: Untersuchung von Gebäuden auf Schadstoffe (ISO 16000-32:2014). Berlin: Beuth

DIN EN 15650:2010-09 Lüftung von Gebäuden – Brandschutzklappen. Berlin: Beuth

DIN EN 13306:2018-02 Instandhaltung – Begriffe der Instandhaltung. Berlin: Beuth

DIN 31051:2019-06 Grundlagen der Instandhaltung. Berlin: Beuth

ÖNORM EN 779:2012-10-01 Partikel-Luftfilter für die allgemeine Raumlufttechnik – Bestimmung der Filterleistung. Austrian Standards

ISO 16890-1:2017-08 Luftfilter für die allgemeine Raumlufttechnik – Teil 1: Technische Bestimmungen, Anforderungen und Effizienzklassifizierungssystem, basierend auf dem Feinstaubabscheidegrad (ePM) (ISO 16890-1:2016). Berlin: Beuth

Sachregister